青少年心理自助文库
励志丛书

成 长

少年不识愁滋味

谢 普/著

"成长"是一个关乎教育、人才乃至整个社会的话题。最重要的事情不是"打败别人"，而是"成为最好的自己"。

中国出版集团 现代出版社

图书在版编目(CIP)数据

成长:少年不识愁滋味 / 谢普著. —北京:现代出版社,2013.11
(2021.3 重印)

(青少年心理自助文库)

ISBN 978-7-5143-1857-9

Ⅰ.①成… Ⅱ.①谢… Ⅲ.①个人－修养－青年读物
②个人－修养－少年读物 Ⅳ.①B825－49

中国版本图书馆 CIP 数据核字(2013)第 273547 号

作　　者	谢　普
责任编辑	肖云峰
出版发行	现代出版社
通讯地址	北京市安定门外安华里 504 号
邮政编码	100011
电　　话	010 － 64267325 64245264(传真)
网　　址	www.1980xd.com
电子邮箱	xiandai@ cnpitc.com.cn
印　　刷	河北飞鸿印刷有限责任公司
开　　本	710mm × 1000mm　1/16
印　　张	12
版　　次	2013 年 11 月第 1 版　2021 年 3 月第 3 次印刷
书　　号	ISBN 978-7-5143-1857-9
定　　价	39.80 元

P 前 言
PREFACE

为什么当今的青少年拥有丰富的物质生活却依然不感到幸福、不感到快乐？怎样才能彻底摆脱日复一日地身心疲惫？怎样才能活得更真实更快乐？越是在喧嚣和困惑的环境中无所适从，我们越觉得快乐和宁静是何等的难能可贵。其实"心安处即自由乡"，善于调节内心是一种拯救自我的能力。当我们能够对自我有清醒的认识，对他人能宽容友善，对生活无限热爱的时候，一个拥有强大的心灵力量的你将会更加自信而乐观地面对一切。

青少年是国家的未来和希望。对于青少年的心理健康教育，直接关系到其未来能否健康成长，承担建设和谐社会的重任。作为学校、社会、家庭，不仅要重视文化专业知识的教育，还要注重培养青少年健康的心态和良好的心理素质，从改进教育方法上来真正关心、爱护和尊重青少年。如何正确引导青少年走向健康的心理状态，是家庭，学校和社会的共同责任。心理自助能够帮助青少年解决心理问题、获得自我成长，最重要之处在于它能够激发青少年自觉进行自我探索的精神取向。自我探索是对自身的心理状态、思维方式、情绪反应和性格能力等方面的深入觉察。很多科学研究发现，这种觉察和了解本身对于心理问题就具有治疗的作用。此外，通过自我探索，青少年能够看到自己的问题所在，明确在哪些方面需要改善，从而"对症下药"。

如果说血脉是人的生理生命支持系统的话，那么人脉则是人的社会生命支持系统。常言道"一个篱笆三个桩，一个好汉三个帮"，"一人成木，二人成林，三人成森林"，都是这样说，要想做成大事，必定要有做成大事的人脉

前

言

网络和人脉支持系统。我们的祖先创造了"人"这个字，可以说是世界上最伟大的发明，是对人类最杰出的贡献。一撇一捺两个独立的个体，相互支撑、相互依存、相互帮助，构成了一个大写的"人"，"人"字的象形构成，完美地诠释了人的生命意义所在。

人在这个社会上都具有社会性和群体性，"物以类聚，人以群分"就是最好的诠释。每个人都生活在这个世界上，没有人能够独立于世界之外，因此，人自打生下来，身后就有着一张无形的，属于自己的人脉关系网，而随着年龄的增长，这张网也不断地变化着，并且时时刻刻都在发生着变化：一出生，我们身边有亲戚，这就有了家族里面的关系网；一上学，学校里面的纯洁友情，师生情，这样也有了师生之间的关系；参加工作了，有了同事，有了老板，这样也就有产生了单位里的人际关系；除了这些关系之外，还有很多关系：社会上的朋友，一起合作的伙伴……

很多人很多时候觉得自己身边没有朋友，觉得自己势单力薄，还有在最需要帮助的时候，孤立无援，身边没有得力的朋友来搭救自己。这就是没有好好地利用身边的人脉关系。只要你学会了怎么去处理身边的人脉关系，你就会如鱼得水，活得潇洒。

本丛书从心理问题的普遍性着手，分别论述了性格、情绪、压力、意志、人际交往、异常行为等方面容易出现的一些心理问题，并提出了具体实用的应对策略，以帮助青少年读者驱散心灵阴霾，科学调适身心，实现心理自助。

本丛书是你化解烦恼的心灵修养课，可以给你增加快乐的心理自助术。会让你认识到：掌控心理，方能掌控世界；改变自己，才能改变一切。只有实现积极的心理自助，才能收获快乐的人生。

C目录
CONTENTS

第一篇　学会付出，在艰难中成长

在成长中做独一无二的自己 ◎ 3

要学会锲而不舍的坚持 ◎ 6

快乐成长，充满热忱地生活 ◎ 9

不抱怨地成长 ◎ 12

把"短处"变为"长处" ◎ 19

选择适合自己的成长方式 ◎ 24

学会冷静面对不如意 ◎ 29

第二篇　从容面对成长难题

学会勇于承担责任 ◎ 35

在错误中成长 ◎ 39

不要轻易指责他人 ◎ 47

适当的批评有利于成长 ◎ 51

使自己变得不平凡 ◎ 55

己所不欲，勿施于人 ◎ 60

要学会等待 ◎ 63

1

目

录

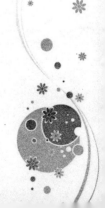

成长——少年不识愁滋味

2

第三篇　成长之路，感谢你的敌人

突破自我，激励成长 ◎ 71

成长路上不要贪心 ◎ 74

不当一个埋没才华的傻蛋 ◎ 77

别让别人决定你的一生 ◎ 80

成长中要拿得起，放得下 ◎ 83

不要让忧虑占据你的思想 ◎ 87

保持一种平衡的心态 ◎ 94

第四篇　成长要有上进心

鼓起勇气去冒险 ◎ 101

努力做事 ◎ 105

成长需要不断面对挑战 ◎ 108

随时用新思想浇灌成长 ◎ 112

别让自己无精打采地活着 ◎ 115

找出属于自己的成功捷径 ◎ 118

第五篇　快乐成长，让生活五彩缤纷

寻求生活的快乐 ◎ 125

成长中要学会幽默 ◎ 131

与他人同快乐 ◎ 135

握住自己快乐的钥匙 ◎ 138

成长需要积极的心理暗示 ◎ 143

微笑着成长 ◎ 147

让成长的心灵开满花朵 ◎ 150

第六篇　读懂成长，坦然面对生活

用数学概念解读成长 ◎ 157

坦然承受一切事实 ◎ 162

活在巨大的希望中 ◎ 170

认清人生之路靠自己 ◎ 173

随时随地关心他人 ◎ 176

在平凡中成长 ◎ 180

3

目

录

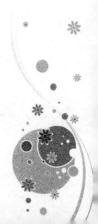

第一篇　学会付出，在艰难中成长

　　成长就是一个又一个的死亡与新生。成长中，我们会学会感恩、学会团结、学会自立……会学会很多很多；我们也会认识：真、假、善、恶、美、丑。成长是有坎坷的，哪会有人没有磕磕绊绊。经历的越多，成长的越快。

　　总在父母的关照下生活，永远都不会成长；要相信自己，自己去做好每一件事！这才叫做成长！

　　成长就像是一场幸福的灾难。"幸福，灾难"，细细想来，其实成长本身永远不可能少得了这两个词，唯有被这两个词所诠释的青春和过往，才更加丰富，更加鲜活，更加立体。

在成长中做独一无二的自己

在人的性格中，有些东西是摄影师无法捕捉，画家无法描绘，雕刻家根本无法塑造的。这就是"个性"。"个性"是一种微妙的东西，人人都能亲身感受它，但是却没有人能够刻画它，没有哪一位作家在传记里把它真实地记录下来。尽管如此，它却和人生的成功紧紧相连，起着决定性的作用。

人性是一种非凡的品质，有些人拥有与众不同的个性。比如林肯，发表演说时只要一提到他的名字，听众们便会无比热烈地欢呼鼓掌。

我们都有自己的个性和与生俱来的特质，这能够发挥某些影响力。别人由我们的行为观察我们的个性。个性是一个人的精神、肉体特质和习惯的综合，个性使这个人与别人不同，并且决定着他是否为人所喜爱或厌恶。

在这个世界上，你是独一无二的。以前没有和你一样的人出现过，以后也不会有。纵然你的父母孕育了你，那也仅仅有 300 万亿分之一的机会才有一个跟你完全一模一样的人。

所以，尽可能地展现你自己的个性，善用你的天赋，保持自我是你人生中最重要的事。

成熟的人不会在晚间反复思考自己与别人有何不同，他可能有时会对自己作简短的自我批评，但他们对自己奋斗的目标是完全肯定的，与自叹自怜相比，他们更喜欢改进自身的缺点。几年前，我的学习班中有一位女学员。她的丈夫是一位事业上一帆风顺的成功律师，做事有条理，处理问题冷静，有理想、有抱负，但又有些独裁。她平时生活中的聚会圈子也是围绕着她丈夫展开的。这位女士尽管文静有素养，但他丈夫的出色把她的才华和志向全都掩盖了。她总是深感自己十分没用，做什么都比不过她的丈夫。慢慢地，她对自己越来越没有信心，她总是为自己不能达到别人期望的样子而自卑，越来越讨厌自己没有个性。

第一篇　学会付出，在艰难中成长

这位女学员的问题在我们生活中屡见不鲜。她的问题并不在于对环境的不适应，而是她不能很好地认清自己的个性。她总是希望改变自己来适应别人，而不是直面自己的个性。她所需要做的并不是想尽办法来改变自己，而是要保持自己的个性，并让它在生活中展现出来，只有展现出自己独一无二的个性，她才会真正活得快乐。

她不应该用别人的看法来约束自己的个性。不应该总是批评自己的性格。**要针对自身的性格做事。约束压抑得太久，是永远不会感到生活的快乐的。**

在某些时候，我们根本没必要钻牛角尖，我们不妨将注意力放在自己的优点上面，尽力将优点表现出来，忘却自身的不足，只有这样，我们才能拥有自身独特的个性。

詹姆士·戈尔医生曾经说过：**"一个人最糟的是不能做回他自己，并且在身体和思想中保持自我。"**

我自己就曾在这方面犯过错误，而且可以说是一次惨痛的不堪回首的人生经历。当我初来美国时，我的志向是报考美国戏剧学院，因为我渴望成为一名电视明星。在报考前，我希望找出一条成功的捷径来，于是我便不停地观看当红的电影电视明星的表演。将几个著名的表演风格学下来，取他们的优点，让自己能表演得和他们一样，可是这种做法却根本没有效果，经过很长时间的学习、模仿，我始终不能成为别人，也根本不可能成为别人。因为我就是我。这次模仿仿佛就像傻瓜一样，让我荒废了许多宝贵的时间，这成为我终生难忘的教训。

著名的喜剧大师卓别林以幽默的表演征服了全世界的影迷。年轻的卓别林由于家境的原因，8 岁就开始了首次表演，12 岁就在舞台剧中出演角色。他在马戏团演过小幽默剧，在剧团演过滑稽剧，后来，他的表演越来越成熟。在他 19 岁时，已经是小有名气的喜剧演员了。

在他 21 岁时，他离开伦敦，来到了美国纽约，寻求更广阔的发展。在纽约演戏时，导演要求他模仿当时德国一位很有名气的喜剧演员的表演，这被卓别林毅然拒绝了。他讨厌模仿别人表演，希望能真正地展现自身的演艺才华。于是，他不断地探索电影表演艺术，形成了自己独特的表演风格。他在电影表演中充分显示了自己幽默表演的才华，一举成为最伟大的幽默表演艺术大师。

卓别林独特的表演风格使他获得了巨大的成功。这与他保持自我的个性是分不开的。

下面还有一个关于做回自我,取得成功的例子。

有一位女孩,做梦都想成为歌唱家,可是她长得并不漂亮,她嘴巴很大,牙齿也不整齐,但是她的声音却相当的独特。有一次,她在一家小型的舞会中登台演唱,她努力遮盖她的缺点,想办法把上嘴唇拉下来遮盖她的牙齿,希望不让别人注意到,但适得其反。她越是想掩盖就越难看,那次表演使她洋相大出。

这次表演对女孩打击不小,但是她却遇到了一位好心的人,这个人向她直率地讲了自己的看法:"我整个晚上都在关注你的演出,你唱得的确很出色。但是,你总是试图想要掩盖你那牙齿,是因为它长得不好看吗?"女孩听后,不知道该怎样回答这个直率的人,脸也红了起来。那个人继续说:"你难道认为自己的牙齿不好就觉得非常羞愧吗!你越是掩饰就越起到相反的作用。根本没有什么不好意思的,你的歌唱得很优美,这是你最大的优点。自然地张开你的嘴,观众们也会自然接受并喜欢你的。而且说不定牙齿不好更可以给人留下深刻的印象,让别人更加赏识你呢!"

如果你要活得更成熟,那一定记住寻找自我,保持本色,做独一无二的自己。

心灵悄悄话
XIN LING QIAO QIAO HUA

索性,我们不妨就做回自己,保持自己独一无二的个性,珍惜上天给我们的一切,唱自己的歌,做自己的事,不模仿别人的想法和做法。

要学会锲而不舍的坚持

在我们所生活的大千世界中，每个人都希望自己的梦想能够马上实现。但是，当事情的发展没有他们所期望的那样快时，他们梦想的规模就会迅速减缓，甚至有时会完全放弃。

约翰是一位职业驯狗师。我曾经问过他，斗牛狗为什么会那样凶猛。他回答我说，斗牛狗其实是一种非常温顺友善的动物，它只有在受到威胁或猛烈攻击时才会变得异常凶猛。

在很久以前，斗牛狗主要用来与其它狗在竞技场中搏斗，尽管它体格小，但被其它狗激怒时，其它狗和它搏斗时很少有赢的时候。约翰说："这种狗有一种不斗死不认输的精神，其次，它还聪明，它非常善于找到对手的弱点，从而获得最终的胜利。"

在我们走下坡路时，如果你不坚持，就没法往坡上走。无论在个人生活或是工作中，我们所经历的道路总是陡峭而危险的，如果不坚持就很难实现最终的梦想。我们应该学习斗牛狗那种不畏困难，韧性极强的精神，并且努力将这种动力坚持下去，直到实现梦想为止。

著名的发明家爱迪生，一生发明了许多我们众所周知的东西，他有两句至理名言："当事情变得不顺利时，那不顺利的事一定还会出现的"和"天才是百分之一的灵感加上百分之九十九的努力"。爱迪生在发明了电灯后，不仅被视为天才，也向世人证明了作为真正的天才，是靠自身锲而不舍的努力坚持才取得成功的，而不是有过人的智商就能成功。

爱迪生成功的秘诀在于，他从不因一时的挫败而灰心沮丧，反而会使他重新振奋精神，向着自己的目标努力进取，不断地坚持，最终使他走向了成功。他让我们从此在光明之中获益。当意志和欲望相结合的时候，它们就会形成一种不可言喻的力量。很多人只要碰到一点挫折与困难，就放弃原来的目标，变得知难而退。只有少数人才能够克服阻力继续向前，直到将自己的梦想实现为止。

真正有理想有抱负的人，认为失败只是暂时的，他们会用自己的力量努力使失败转化为成功的动力。 如果一个人没有坚持的精神，那他在任何事上都不会成功。

芬妮·赫尔斯的经历充分证明了锲而不舍的努力坚持的重要性。芬妮一生都在不懈的奋斗中度过。

芬妮只身一人来到纽约，希望能依靠写作来实现自身的价值。但是，理想不是那么轻易就能实现的。在成为作家的漫长日子中，整整经历了4年的时间。在这4年里，芬妮要赚钱养活自己，她白天在餐厅打工，夜晚开始自己的文学创作。每当她渺茫无助的时候，她总是对自己："纽约，我一定会战胜你的，我不会向你低头认输的。"

芬妮在她第一篇稿子发出之前，总共被退回36次。一般人很少有这样的毅力而再继续坚持投稿。芬妮从没有放弃过自己的写作梦想，即使坚持了4年也毫不气馁。芬妮最后终于获得了写作上的成功，她战胜了困难与时间的考验。自此以后，芬妮名声大噪，许多出版商都指定她的书。从此，她的写作事业辉煌起来。

在生命中的任何时候，都应该以一种锲而不舍的态度来面对困难，只有这样，才能获得成功。

有一个经常喜欢开玩笑的庄园主，名叫乔治。眼看圣诞节要来临了，他觉得应该给予兢兢业业的管家以嘉奖，于是便拍着管家杰克的肩膀说："亲爱的杰克，这里有四大碗粥(喝一碗就能饱的那种大海碗)，我在其中一碗里放了两枚金币，喝到了就是你的啦。"

管家杰克很想得到金币，但他确定不了金币究竟在哪个碗里。于是，他犹犹豫豫地把第一碗里的粥喝了一部分，忽然觉得金币应该在第二个碗里，于是他又去喝了一半第二碗粥，但是心里还是不甘心，便把第三碗的粥又喝掉了一部分，最后又改变了主意，第四碗又被他艰难地喝了一半……

这时候，杰克感到的胃里再也装不下任何东西了。结果，他一枚金币也没有得到。其实，乔治在每碗粥的碗底都放了两枚金币，他只要随便喝掉一碗美味的粥，都能得到他梦寐以求的金币。

杰克的故事警示我们,浅尝辄止常常会致使我们失去唾手可得的成功。我们必须有一股"较真"的精神,就是要把事情负责到底,圆满解决,直到收获满意的结果!

德国科学家巴特劳特就拥有着这股子"较真"的精神,因此,他就有了重大收获!

巴特劳特非常喜欢中国清代文人周敦颐《爱莲说》中的名句"出淤泥而不染"。但是他一直都想不通,为什么莲会"出淤泥而不染"呢?为此,他特意做了一个实验:将炭黑撒到莲叶上,再用喷壶洒水。事实证明,污物和着水珠一同滚落,莲叶洁净如初。

这个实验虽然结束了,但巴特劳特的较真精神还在继续!他给自己订下了一个目标:一定要让这一现象变成生活中的实际应用。

于是,他开始了进一步的实验。他从显微镜里面看到,莲叶表面是许多乳头状的小包,包上有一层很薄的蜡膜,污物只能停留在小包的顶端,因此很容易就被水珠带走了。

事实上,很多人实现不了自己的目标,很大程度上就是少了一种和自己较真、非要把事情干到底的精神,他们往往浅尝辄止,因此眼睁睁失去了可能到手的成功;而那些取得重大收获的人,往往就具备这种做事"较真"的态度。每天晚走10分钟,是一种打磨,一种在做事上习惯于"较真"的打磨!

心灵悄悄话
XIN LING QIAO QIAO HUA

无论在生活中,还是在工作上,有不少人都容易在无关紧要的事上和别人较真,却缺少一种在重要的事情上和自己较真的精神。当你在认准了的事情上较真时,你就会充满了激情,充满了动力,充满了希望,你的人生将更有乐趣和收获。

快乐成长，充满热忱地生活

热忱是一种意识状态，它能够鼓舞和激励一个人对自己的工作采取有效行动，并具有很强的感染力。热情是行动的主要推动力，人类最伟大的领袖就是那些知道如何鼓励他们的拥护者发挥最大热情的人，当然热忱也同样适用于推销。可以说热忱是人类一种重要的力量。

爱默生曾经说过：**"有史以来，没有任何一件伟大的事不是因为热忱而成功的。"**

热忱和积极的心态及和你获得成功的过程之间的联系，就像汽油和汽车引擎之间的关系一样，热忱是行动的动力。你可以运用积极的心态来控制你的热忱，以便使它能不断浸入你心灵引擎的汽缸中，并在汽缸内被明确目标发出的火花引燃，从而推动信心和个人进取的活塞。

热忱是你性格的原动力，如果你不具备热情的性格，即便你各方面能力很强，也没有用。每个人都有一种超越自己的潜在能力。倘若你有很多的知识，有敏锐的判断力，甚至有优秀的理论思考能力，但在你来让它们发挥之前，没有热忱，你将无法感受到它们神奇的力量。真正的热忱是可以创造奇迹的。

在巴黎的一家艺术博物馆中，陈列着一尊美丽的人像雕塑，它的创作者是一位不知名的贫困的艺术家。他每天都到一间小阁楼上去进行创作，在雕塑快要完成的时候，城里的气温骤降，几乎降到了零度以下。如果黏土模型缝隙中的水分凝固结冰的话，整个雕塑的线条就会扭曲变形。于是这位艺术家就把自己身上穿的睡衣脱下来给他心爱的雕塑穿上，在第二天清晨，人们发现这位敬业的艺术家已经不省人事，可他用心创作的雕塑却完好无损地保存下来。在别人的帮助下，这尊雕塑最后被制成了大理石作品，成为我们永久欣赏的珍贵艺术品。

法国英雄圣女贞德凭着一柄圣剑与满腔的爱国热忱，为法国部队注入了一股顽强拼搏的斗志。正是她的热情，排除了前进道路上的一切阻碍。

英勇的阿拉伯人穆罕默德，带着他的阿拉伯勇士们，在短短的几年中，打开了有无限辽阔疆土的帝国。尽管一开始他们没有先进的武器，但是，他们每个人却都怀着热忱的心态及崇高的理想，凭着这股无比的热忱，他们不比敌人的士气弱。他们在战场上驰骋杀敌。终于战胜了罗马人的军队。

热忱的确可以创造奇迹，缺乏这种热忱，艺术品将无法流传后世，军队也无法克敌。

热忱是一种巨大的力量，它会和信念一起将失败挫折打败。拥有热情会让你的工作没那么辛苦，会让你有更吸引人的个性，增强你的进取心。

拿破仑·希尔就是被他继母的热忱所激励而走向成功之路的。

在他还是孩子的时候，父亲就给他找了个继母。他的继母出身较好，而他家却很贫困。他的父亲向他介绍完继母的情况后，告诉他要尊重她。而希尔却在心里一点也不服气。等到第二天，他的继母亲切地走到他的面前，托起他的小脑袋，和蔼地说："你一定是最聪明、最有勇气的小男孩。"

希尔内心的反感顿时烟消云散，冲着这句充满信任的话，他与继母友好相处。在此之前，没有人像她那样热情地称赞希尔，而他的继母凭着这一句充满热情的话语，成就了一个伟大励志学家的诞生。这使我们看到了成功学的经典著作。

她不仅改变了小希尔，还凭着她做事热忱的态度，使家庭有了巨大的变化。她鼓励希尔的父亲去念牙科，最终促成了一位小镇上著名牙医的诞生。希尔十四岁时，她买了部打字机送给希尔，让他努力实现自己的梦想。希尔被继母的热忱深深打动了。他对她总是充满敬佩之情。在希尔还在为能否成为一位作家而苦恼时，又是她的继母鼓励支持他为一家报社投稿，让他抓住机会，直到希尔最终获得了成功。

热忱的力量真的是无限大，当这股力量被释放来支持所拟定的目标时，再通过自身的能力，就会形成一股不可阻挡的前进的动力，并且可以克服任何艰难困苦。

在我的办公桌上方，挂着这样一块牌子，上面这样写着：

你的年轻会与你的信仰程度成正比。

你的年轻会与你的自信程度成反比。

你的年龄会与你的恐惧多少成正比。

你的年老会与你的希望程度成正比。

你的年老将与你的绝望程度成反比。

年龄虽然会让你的皮肤爬满皱纹，但若没有热忱，则会使你的灵魂增加皱纹。

这是对热忱最好的赞美。热忱是人类意识的主流，它能够促使一个人将所写的东西付诸真实的行动。拥有热忱的态度是做任何事情的关键，在这一点上，我们任何人都要充分的具备这种条件，只有这样，事业和生活才能不断进步。

记住，在这个社会中，你付出的热情越多，你所得到的东西就越多。

心灵悄悄话

XIN LING QIAO QIAO HUA

　　没有热忱，就好像钟表没有上发条一样缺乏动力。热忱的力量大而无比。当这股力量被释放出来支持明确的目标时，更会形成一股巨大的力量，克服你遇到的一切艰难困苦。真正的热情源自你的心情，发掘你内心中真实的热忱是一种积极心态的象征。展现与分享热忱吧，当你用心去完成某项工作时，说明你已经开始有热忱地创造你的成功意识了。

第一篇　学会付出，在艰难中成长

不抱怨地成长

大部分人的生活都过得好辛苦！但是，当你在埋怨苦日子折磨人的时候，不妨仔细想想在这些难过的日子当中，你认真生活过几天？为自己争取过多少机会？别再把抱怨挂在嘴上，你有权选择困苦日子，也大可选择开心生活，如果你的生命韧性都还没开始发挥，就任风雨吹得直不起腰，你还能要求享有什么样的生活？

有一个女儿常常对父亲抱怨自己遇上的事情总是那么艰难，她不知道该如何应付生活，好像一个问题刚解决，新的问题就又出现了。

一天，父亲把她带到厨房，把水倒进三口锅里，然后用大火煮开，不久锅里的水烧开了。

他在第一口锅里放进了胡萝卜，第二口锅里放入鸡蛋，最后一口锅则放入研磨成粉状的咖啡豆，他小心地将它们放进去用开水煮，但一句话也没说。

女儿见状，一直嘟嘟哝哝，很不耐烦地等着，不明白父亲到底要做什么。

大约二十分钟后，父亲把炉火关闭，把胡萝卜、鸡蛋分别放在一个碗内，然后把咖啡舀到一个杯子里。

做完这些后，他这才转过身问女儿："亲爱的，你看见什么了？"

"胡萝卜、鸡蛋和咖啡。"她回答。

他让她靠近些，要她用手摸摸胡萝卜，她发现它们变软了。接着，他又让女儿拿着鸡蛋并打破它，然后将壳剥掉，她看到了煮熟的鸡蛋。

最后，父亲让她喝口咖啡，品尝到香浓的咖啡时，女儿终于笑了。

她怯声问："父亲，这意味着什么？"

父亲回答说："这三样东西都是在煮沸的开水中，但它们的反应却各不相同：胡萝卜入锅之前是强壮结实的，但进入开水后，它就变得柔软了；而鸡蛋本来是易碎的，只有薄薄的外壳保护着，但是一经开水煮熟，它的内部却变硬；至于粉状咖啡豆则很特别，进入沸水之后，彻底改变了水的特质。"

从这个故事中你体会到了什么？

有位哲人曾说："**人生的棋局，只有到了死亡才算结束，只要生命还存在，就有挽回棋局的可能。**"

在艰难和逆境面前，你可以学胡萝卜、鸡蛋或是咖啡豆，你可以屈服，也可以使自己变得更坚强，甚至可以改变环境。

不要忘了，每个人的生命都是自己的作品，不管遭遇多少困难，周围的环境有多艰辛，只要你愿意，随时都可以挥洒手中的彩笔，使自己的生命更加缤纷亮丽。

拆掉心中那座独木桥，所谓的信念，就是根据自我暗示，在潜意识中被宣布或反复指点所产生的一种精神状态。

你还在烦恼什么？乐观积极一些，让生活充满前进的忙碌，专心致志、全力以赴地工作。记住，你就没有时间心烦。

一位心理学家想知道，人的心理对行为到底有什么样的影响，于是他做了这样一个实验。

首先，他让十个人穿过一间黑暗的房子，在他的引导下，这十个人都成功地穿了过去。

然后，心理学家打开房内的一盏灯，在昏黄的灯光下，他们清楚地看见房子内的一切，不禁吓出了一身冷汗。

这间房子的地面是一个大水池，水池里有十几条大鳄鱼，他们刚才穿过的，正是一座搭在水池上的独木桥。

随即，心理学家问这些人："现在，你们之中还有谁愿意再次走过这间房子呢？"

这时屋内陷入一片静默，没有人出声回答，过了一会，才有三个人大胆地站了出来。

其中一个小心翼翼地走了过去，速度比第一次慢了许多；另一个颤抖着踏上独木桥，可是走到一半时，竟然趴在独木桥上爬了过去；第三个才走几步就趴了下去，怎么也不敢向前移动半步。

心理学家又打开房内的另外九盏灯，灯光把房间照得如同白昼一般明

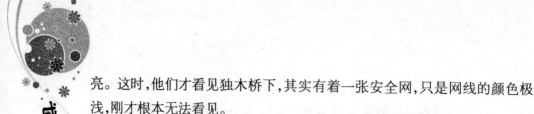

亮。这时,他们才看见独木桥下,其实有着一张安全网,只是网线的颜色极浅,刚才根本无法看见。

"现在,谁愿意通过这座独木桥呢?"心理学家问。

这次,有五个人站了出来。

"你们怎么不过呢?"心理学家问剩下的两个人。

两个人异口同声地问:"这张安全网牢固吗?"

成功就像走过这座独木桥,失败的原因往往不是能力的问题,也不是潜力的薄弱,而是信心不足,还没有冲上战场就败下阵来。

不积极乐观,心理就会陷入搭着一座危桥的状态;无法克服心理恐惧,就算走过再坚固牢靠的桥梁,你也会从桥上跌下去。

咬紧牙关才能冲破难关,做自己生命舞台的英雄。没有人能保证每件事都会成功,就算遇上无法避免的失败,也要尽全力把它做到最好,才能宣告结束。

这才是面对问题时最佳的处理方式。

不管在比赛场合或现实生活中,拳王阿里都是用积极的方法来向自己挑战,并且激励自己。

多年前,拳王阿里在与弗莱彻尔比赛之前的记者会上,仍然像和诺马士的那场比赛一样,在还没有开战前,就先宣称自己会获得胜利。

这也是他早期的拳击生涯中经常运用的招数,以预测对手的实力来估量自己的胜算。而事实上,当时的阿里和对手们的实力其实相差无几,甚至有时候还远不如他们。

现在,阿里离开拳击场多年之后再次出赛,对手名叫弗莱彻尔,是拳击场上的常胜将军,但阿里居然仍夸口自己会赢得胜利。不过,这次他估计错了,因为他输了,最后一役的辛苦应战失败了。

比赛结束后不久,美国有家电视台邀请阿里上节目接受访谈,许多人认为他吹破了牛皮,上电视节目时一定会被现场观众报以嘘声。

可是,当阿里出现时,却获得了现场观众的热烈掌声。因为没有人认为他是在愚弄自己,反而认为阿里是一个以自己名誉做赌注的勇士,即使结果未如他所言,但是比起他的勇气,胜负只是鸿毛,不值一提。

你是在计较那少了一分的失败,还是面子不足所缺少的那一分成功?

这一分真的有那么重要吗？一路走来，你是原地踏步还是往后退步呢？如果两者都有，那么你目前的成功，实际上是一种失败。

凡是勇于自我挑战的人，即使失败了，也仍然是人群中的佼佼者。因为他不但会不断地激励自己，朝更高的人生境界前进，更会从失败中创造成功。除了自我设限之外，没有任何被他人牵制的借口。

失败和成功其实相隔不远，只要愿意坚持到底、尽力而为，你就是自己生命舞台的英雄。

咬紧牙关才能冲破难关。法国哲学家伏尔泰说："我们不该为人生的苦难和生命的短促而叹息，相反的，应该为人生的幸福和生命的持久而庆幸。"

勇敢面对困难，就会让你的生命充满希望和活力；具备解决困难的智慧，就会让你活得更光明，更喜悦。

1997 年 4 月的一个星期天，高尔夫球好手老虎伍兹挥出的最后一杆，不仅让他赢得了该年度冠军，更刷新了历史纪录。

虽然许多人认为，他能在那场比赛中出人头地是靠运气，但熟悉他的人都知道，这个冠军其实全靠他的坚持得来。

因为，老虎伍兹把所有时间都放在高尔夫球的练习上，就为了获得这场冠军赛的参加资格。

在冠军赛的前两年，伍兹为了累积实力，几乎天天废寝忘食地练习，不怕挫折的他，就算再枯燥、再艰苦的训练，也从来都没有任何怨言，和一丝丝放弃的念头。因此，他之所以能获得高尔夫之冠，赢得五千万以上的身价，可以说是实至名归。

时装名人汤米·希尔菲杰也是如此，他以汽车的行李箱作为他第一家服饰店的开始。

刚开始时，日子过得非常艰苦。他通常会把车子停靠在路边，向来往的行人兜售蓝色牛仔服，虽然他遇到一次又一次的打击，甚至面临破产的危机，但都能以无比的韧性坚持下去，努力奋斗。

他相信这个梦想一定能让他走向成功，而在他的坚持和不放弃之下，如今他的公司年收入已超过了五亿美元，成为美国最知名的品牌之一。

前芝加哥比尔斯队的教练迪卡斯说过一句名言："只要你不退出，你就不会输。"

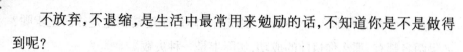
不放弃,不退缩,是生活中最常用来勉励的话,不知道你是不是做得到呢?

迪克九岁的时候就已经开始工作了,他和父亲一起赶着两头瞎了眼的骡子,在北卡罗来纳州的各地贩卖货物。

年轻的迪克拉着骡子,徒步走着,嘴里嚼着烟草。以他这样的境况,有谁料得到,这个穷孩子会在几年之后创立美国烟草公司,执全美烟草界的牛耳?

有一天,迪克遇见一个卖烟卷的老朋友,彼此寒暄了一番,说起自己的近况,那位朋友说:"我和太太两个人,只开了两家店就累得不行了,你居然开了两千家店,那真是天大的错误啊,迪克。"

"错误?"迪克不以为然地回答,"是吗? 虽然我经常犯错,但做错了就把问题找出来,然后再加倍努力去做,只要不懈怠下来,我就能从中不断地学习改进,得到更大的成就。"

迪克不怕犯错、永不退缩的态度,以及他零售联营的经营方式,使他每周都有一千万美元的收入,最后更让他有机会以一亿美金创立了迪克大学。

迪克的成功之道,在于他不怕犯错,也不怕失败,更不会因为错误的经验停顿下来。他勇敢面对错误,并更加努力地将错误挽回,所以才能赢得更大的成功。

人们难免会犯错,当你犯错的时候,是想尽办法推卸责任,还是从错误中找到解决的方法?

错误就是成功的开始,英国诗人雪莱曾经说过:"春天虽然来得晚,但它一定会来!"

用正确的态度去面对,并找出犯错的原因和问题所在,如此才能避免重蹈覆辙,让每一个错误都成为你成功的开始。

把名人变成自己的贵人,英国文豪约翰逊曾说:"伟大的成就并不是用力量,而是靠耐性去完成;每天走三个钟头的人,七年之内所走的道路,已等于地球的圆周。"

每天固定花几分钟"阅读"你的目标,并且不断采取积极的行动,那么你必定能在最短的时间内成功。很简单吧! 但问题是,你做得到吗?

在美国西联电报公司里,有一个默默无闻的送报员,名字叫伯克。伯克从十几岁开始,便主动写信给当时的许多名人,一些军中将领,甚至连总统也在他的信友之列,而这些人因为与他有书信往来,自然对他就特别注意和关心。

后来,当伯克下定决心创办杂志时,他们也就名正言顺地成为该杂志最佳的撰稿人选。有了这些名人们的协助,伯克的杂志自然身价大涨,销售量更是蒸蒸日上。

但是,年轻的伯克是用什么方式赢得了名人们的特别关注呢?

原来,他写信给那些名人时,会先阅读那些名人的小传,信中的内容,也大都是从这些传记中延伸出来的。伯克以确认名人传记的真实性为开端,主动写信给这些名人。像他写信给拉斐尔将军时,便问他的传记中记载的小时候曾经做过拉纤童工的故事是不是真的,并且还说明他为什么要写信来询问,而拉斐尔将军也很详细、客气地回复。

收到回信时,伯克真是高兴极了,他认为能得到名人的书信,不只是得到他们的手稿,还可得到许多宝贵的知识。

从此,他不断地写信给许多名人,不是问他们为什么要做这些事情,就是问他们某一件事情的日期……有几位名人甚至还写信邀伯克会面,于是他慢慢地和许多名人建立了友谊,也得到许多学习的机会。

伯克要告诉我们的经验是,**从名人最感兴趣的事情着手,便能轻易地接近他们,然后设法借由他们的帮助,快速达到自己的目的。**

我们会发现,他的诀窍是努力阅读名人的传记,从中找出能吸引名人讨论的话题,因此才能获得名人们的指点。因此,伯克的主动和投入才是真正让他获得名人友谊的主要原因。

用你的自信把潜能激发出来对一个人的发展来说,具有无法预估的力量。不论是在智力、体力或是处理事情的能力上,自信心都有着非比寻常的重要性。

许多事业成功的人,总是能勇于向自己提出更高的要求,所以才能在失败的时候看见希望。

心理学中曾有这样一个著名的实验案例:

一个长相很丑的女孩,对自己非常缺乏信心,她从来不打扮,整天邋邋遢遢的,做事也不求上进。

心理学家为了改变她的状态，要求大家每天对丑女孩说"你真漂亮""你真能干""今天表现不错"等等赞美的话，经过一段时间之后，大家惊奇地发现，女孩真的变漂亮了。

其实，她的长相并没有任何改变，但其心理状态发生了变化。她不再邋遢了，她变得爱打扮，做事积极，并开始喜欢表现自己了。

为什么会有这么大的变化呢？心理学家解释说，那是因为她对自己产生了自信心，因为对自己有了自信，所以大家都觉得她比以前漂亮多了，她还愉快地对大家说，她获得了新生。

所谓相由心生，这位女孩其实只是展现出每个人都蕴藏的自信美而已。这种美只有在我们相信自己，而周围的人也都肯定我们的时候才会被充分地展现出来。

心灵悄悄话
XIN LING QIAO QIAO HUA

面对困难的时候，如果你能紧咬着牙关前进一步，在众人都放弃时再多坚持一秒，那么，最后的胜利也就非你莫属了。获得成功的主客观因素很多，但是，坚持和毅力却是其中最主要的条件；只要不轻言放弃，勇敢改进犯过的错误，你终究可以为自己找到成功的道路。

把"短处"变为"长处"

苏东坡曾有诗云："不识庐山真面目，只缘身在此山中。"照此意推论，一个人是很难看到自己的缺点与不足的。笔者反其意而论之，人为什么不能主动暴露自己的"庐山真面目"，而让别人了解一下真实的"我"呢？

最近，笔者读过一位日本学者写的交际心理学方面的书，颇受启发。书中曰：让人家看到自己的缺点或弱点，人家才会觉得你真实可信，不存虚假，从而产生亲近感。反之，如果人们不了解你的真实个性，即没有看到一个包含有缺点与弱点的你，反而会对你放心不下，对你产生戒备和警惕，从而不敢亲近你。这真是洞察人心的至理名言。我想，现实生活中那些直率、坦白，洒脱而不拘谨的人，之所以往往受到人们的亲近与喜爱，之所以宾多友众，大概就是这个道理吧！因此，我劝那些常常为自己暴露了缺点和弱点而忧心忡忡的青年朋友，权且放宽心，切莫懊恼。

然而，善于不善于暴露自己的缺点或弱点，又是另一码事。暴露得恰当是好事，是对自己"本来面目"的完善、修饰与美化，而暴露得不好，出了格，那就是现了丑，于自己交人处世不利。因此，要露"庐山真面目"还得讲究点艺术性。

对偶发性的缺点，应立即承认并纠正。偶发性缺点多半是因一时不慎和平时修养学习不够而出现的。出现此类问题，大可不必惊慌，立即老老实实地承认便是，切不要掩饰和辩解。例如，某小姐主持一次知识竞赛，不慎将李白的"天生我材必有用"的诗句，说成是杜甫的诗，顿时台下大笑。但这位小姐毫不慌张，立即微笑着承认和纠正："由于本人文化修养不够，以至刚才误把李白的诗句说成杜甫的。大家的笑声是对我的善意批评和友好的爱护。谢谢大家。"台下响起一阵掌声。这掌声难道不是对她坦诚态度的奖赏？

对长久性的缺点，应坦然而不掩饰和做作。有些错误、缺点、弱点，不是一下子就能改得掉的，这一般是人们在生活中形成的性格的消极方面。有的还是生理方面的缺陷，也非主观所能为的。但对此，切不可像阿Q那样总是忌讳别人说他的"光头"，甚至连别人说起"灯光"，也敏感得不得了。其实，承认自己的不足，在于不自欺，是凭实力正确估价自己的表现。要是有意识地隐瞒、掩饰或忌讳自己的缺点，必然在自身产生反作用力，使自己变得虚张声势和粗野、傲慢。人一旦摆脱了这一性格，内心反倒坦然踏实，自己的长处也就突出起来了，别人也就喜欢他了。电影《高山下的花环》中有位"虎将"排长靳开来，他给人们展示出来的形象是直率得惊人、坦然得可爱。他那张不饶人的嘴，像大炮筒，只要他认准是错了的，管你天王老子也要轰，连高干子弟指导员赵蒙生也怕他三分。单就这个火暴性子和那张大炮筒嘴巴，不能不说是一时改不了的缺点。然而，他极坦然，他自称是"全团有名的大炮筒"，他身上的缺点如探着山，淌着河，自自然然的在人们面前，而从不掩饰和做作。正因为如此，全连的干部、战士(除有私心的赵蒙生之外)都理解他，信任他，喜爱他。可见，生活中长期形成的缺点自然地暴露了，并不可怕，问题在于不要掩饰。一掩饰反而虚伪，更让人讨厌。

别人点破的缺点，要虚心倾听、乐于接受。出于善意的关心和真心的爱护，有时别人会直接或间接地指出你自己尚未意识到的缺点或弱点。此时，别难为情，更不能因一时面子上难受而不悦甚至生气。维护自己的缺点，是软弱的表现。应当虚心倾听人家的话，让人把话讲完。如果对方讲的是事实，有道理，就应立即接受，表示感谢，同时表明下决心改正。如果讲的不是事实，可适当地粗线条地解释，肯定人家的动机是好的，但切不可过多争辩甚至发火。

必要时有意地说出自己的缺点。如前所述，让对方知道自己的缺点，不仅不会削弱对方对自己的信赖感，反而会增强对自己的信任，在一定条件下，缺点还可能转化为优点。例如，一对男女青年谈恋爱，谈了不久，女青年特意告诉男青年："我有个缺点，就是爱打扮，喜吃零食。"这就是有意地让对方了解自己的缺点，也是对对方的试探与考验。男青年经过一段时间的观察后却对她说："你爱打扮，是爱美的表现，是社会进步的反映。至于吃零食，适当吃一点也无妨。我喜欢你的坦率。"你看，主动让对方知道自己的缺点,反倒招人喜爱。总之,金无足赤,人无完人,敢于露出"庐山真面目"方为上策。英国散文作家托马斯·卡莱尔曾说过:"最大的错误,就是不自觉自己犯了什么错误。"承认自己的缺点和过错会增进自我了解,进而使人产生自信心。有时候我们要等到自己看见并接受自己所犯的错,才能真正认识我们自己的能力。当我们肯冒险承认错误时,其实这是很安全的一件事。因为我们借助于承认错误而表现更人性化,使别人对我们的看法亦较具人性,这样别人的批评也就少些。如果顽固地不承认过失,便是将韧性用错了地方,此即谓"固执不能择善"。这正是一个最大的缺点。

美国总统尼克松在水门事件中的表现,充分表现了固执而不能择善的个性,硬要掩饰水门丑闻的内幕,结果欲盖弥彰,反致破绽百出,最后让全国人民及国会议员认为总统说谎欺骗了他们,此时就是想支持他,也感无能为力了。事情爆发之初,如果尼克松肯开诚布公地公布真相,很可能美国人民不会为了这件小事,逼他下台,因为美国历任总统几乎都曾干过这种事,但是没有一位出过纰漏。只因尼克松固执而不能择善,以致自己一步一步地走向失败之路!

短处也是可以发挥优势的

这是发生在日本的故事:一个五音不全的先生,竟以唱歌大受欢迎。每逢大家聚会时,他必然会被众多掌声请上台。他完全无法拒绝大家的热情,只好每次都唱同一首歌,那就是被同事们昵称为"阿滨"的渡边先生。

阿滨很聪明,每当别人要求他唱歌时,他总会巧妙地利用自己的五音不全,唱起美空云雀小姐的歌——五月的天空。不可思议的是,只要阿滨的这首歌一唱出来,其他的美妙旋律都因此而失色,完全不能与阿滨的歌声抗衡。

同事们在要求他唱歌时,一定会很整齐地用一首广告歌的旋律唱着:

"五音不全的渡边,唱首歌吧!虽然唱得很烂,让人听了头痛,还是请你唱首歌吧!"

千呼万唤之后，阿滨终于带着一脸的笑容走出来了。他用右手中指推推那落伍的大黑眼镜后，以立正的姿势，开口唱出：

"五月的天空，太阳又上升……"

他总是那么认真，正正经经地唱着这首一成不变的歌，不管走到哪里都是这首，而且总是固定地慢半拍。当他开始唱"五月的……"时，速度还算正常，等唱到"天空……"就很奇妙地慢了下来。阿滨既不害羞，也不恐惧，仍然以他那认真的表情，继续唱下去。

听他唱歌的人，几乎都笑弯了腰，而我的眼中却忽然流出感动的眼泪，无法停止。

在大家笑得快喘不过气来的时候，阿滨仍然继续唱着：

太阳……又上升……

大家听到这里，更忍不住笑得前仰后合！

不过，大家的笑声中，绝没有一丝轻蔑，因为个性温和的阿滨，缓和了会场中稍嫌僵硬的气氛。他不像一些自以为很会唱歌的人那样，在台上炫耀自己的优点，相反的，他是以另一种风格来为大家制造欢乐。听了他的歌以后，让人觉得血液畅通，神清气爽，这"五音不全"的魅力还真大呢！

和唱歌一样，人们做事或本身的条件，一般总会有这样那样的不足，只要我们善于发挥自己的缺点，它便会成了我们的特点，而不会被人瞧不起。所谓的"五星"也就是因为自成一派的"丑"而被人记住、喜爱。总之，有点小缺陷，不必要有自卑感，拿出勇气自然处之，便会变弱为强，甚至受到大家的喜欢。

比如，有的人因说话不标准而有些自卑。其实这也是我们应该多加发挥的短处之一。如果能够在言谈中，保留故乡话的人情味，而同时又能用理性的共通语来和人交谈，撷取两种语言的优点，是最理想的方法。

生于不同地方的人，需要共通语来沟通；而如果在来自同一地方的人之集会中，或本地的公司、机关、柜台等，大家明知道是同乡，却还要用不成熟的共通语，那就很让人扫兴了。因为人们制造共通语时，原本就不考虑到亲切的特性，所以，它并不会给人什么温暖的感觉。对于这种反效果，我们应格外注意。

另外，在生意上的往来、各地区的说明会、招待外来宾客等场合时，如能巧妙地活用故乡语言,也会增加彼此间的亲切感。

所以,只要排除原有的自卑感,光明正大而朗声地说话,再渐渐让自己所说的内容更丰富,表达方式更活泼,那么,不管在什么场合或什么状况下,都不会感到害怕了。

心灵悄悄话
XIN LING QIAO QIAO HUA

　　作为曾经失败过,至少有过失败经历的人,应该经常从里面学点东西。人在成功的时候是学不到东西的,人在顺境的时候,在成功的时候,沉不下心来,总结的东西很容易是虚的东西。只有失败的时候,总结的教训才是深刻的,才是真的。

第一篇　学会付出,在艰难中成长

选择适合自己的成长方式

唐玄宗时,有李适之和李林甫两位宰相共同辅政。二人面和心不和,互相勾斗,但表面上还很客气。

唐玄宗执政后期荒于酒色,穷奢极欲,弄得国库日见空虚,满朝文武都很着急,最后,皇上也感觉到了财政威胁,下诏让两位宰相想办法。

形势所迫,二人都很着急。但李林甫最关心的却是如何斗倒政敌,独揽大权。看着李适之像热锅上的蚂蚁,李林甫生出一条毒计来。

散朝之后,二人闲扯,李林甫装作无意中说出华山获金的消息。他看到李适之眼睛一亮,知道目的达到了,便岔开话题说别的。李适之果然中计,忙不迭回家,洗手磨墨写起奏章来,陈述了一番开采华山金矿、以应国库急用的主张。

唐玄宗见到奏章大喜,忙召李林甫来商议定夺。李林甫装出欲言又止的样子,玄宗急道:"有话快讲!"李林甫压住了声音装作神秘地说:"华山有金谁不知?只是这华山是皇家龙脉所在,一旦开矿破了风水,国祚难测呀。"玄宗听罢点头沉思。那时,风水之说正盛行,认为风水龙脉可泽及子孙,保佑国运。而今听得李适之说出了这样的馊主意,玄宗心中当然不高兴。李林甫见有机可乘,忙说:"听人讲,李适之常在背后议论皇上的生活末节,颇有微词,说不定,这个开矿破风水的主意是他有意……"玄宗心烦意乱,拂袖到后面去了。李林甫见目的达到,心中暗喜。

自此,玄宗见了李适之就觉得不顺眼,最后,找了个过错,把他革职了。朝廷实权,便落在了李林甫手中。

说话不严密而露出破绽,也是一种丢丑。如果有意为之,故卖破绽,则可达到以露丑制胜的目的。说话时有意识地通过看似失语的语言形式,"无意"地透露给听话者某种虚假的信息,从而使对方信以为真,以致正中说话者的下怀。张某的妹妹一张借款给人的字据找不到了，非常着急。张某给她出了一个主意，几天后，妹妹笑嘻嘻地说："借据补来了。"原来，妹妹照他的主意发了封电报，要借方快速寄还 2100 元。然而，借方实际只借了 1200 元，看电报后很生气，回信说"我只借你 1200 元，正准备还你。你不要昧着良心瞎说……"妹妹故意把 1200 元写成 2100 元，露出破绽，让借方更正。也就等于补写了借据。妹妹有了"借条"后，便写信道歉，说写成 2100 元是笔误，请求谅解。

抚琴而治

有一个人奉命担任某地方的官吏。他到任以后，只是抚琴自娱，并不管政事，可是他所管辖的地方却治理得井井有条，民兴业旺。这使那位前任的官吏百思不得其解，因为他每天即使起早摸黑，从早忙到晚，也没有把地方治好。

于是他请教道："为什么你能治理得这么好？"这个人回答说："你只靠自己的力量，而且不分主次，看见什么管什么，需要什么做什么，所以十分辛苦，却仍然难以治理好；而我却是借助别人的力量，制定好计划，分清先后、主次，所以能治理得好。"

土豆的命运

当高产抗病的土豆传到英国时，英国农民并不感兴趣。为了推广种植这种土豆，英国当局做了大量宣传，但收效甚微，优良土豆仍被冷落，于是有人出了一个主意。

在各地种植土豆的试验田边，让全副武装的哨兵日夜把守。此举确实让人匪夷所思，一块庄稼地怎么会有士兵把守呢？周围的农民无不好奇，不断地趁着士兵的"疏忽"而溜进去偷土豆，小心翼翼地把偷来的土豆拿回去揣摩，并种在自家地里，用心侍弄，看到底有何不同。一个季节下来，此种土豆的优点就迅速广为人知，普及开来，成为英国农民最受欢迎的农作物之一。

送者贱求者贵，越不容易得到的越珍贵，自重身价往往能要个好价钱，当然分寸尺度要拿捏好。比如故事中的士兵看守过严便不行了。

养花人的梦

在一个院子里，种了几百棵月季花，养花人认为只有这样才能每个月都看见花。月季的种类很多，是各地的朋友知道他有这种偏爱，设法托人带来送给他的。开花的时候，那同一形状的不同颜色的花，使他的院子呈现了一种单调的热闹。他为了使这些花保养得好，费了很多心血，每天给这些花浇水、松土、上肥、修剪枝叶。

一天晚上，他忽然做了一个梦：当他正在修剪月季花的老枝的时候，看见许多花走进了院子，好像全世界的花都来了，所有的花都愁眉不展地看着他。他惊讶地站起来，环视着所有的花。

最先说话的是牡丹，它说："以我的自尊，决不愿成为你的院子的不速之客，但是今天，众姐妹们邀我同来，我就来了。"

接着说话的是睡莲，它说："我在林边的水池里醒来的时候，听见众姐妹叫嚷着穿过森林，我也跟着来了。"

牵牛弯着纤弱的身子，张着嘴说："难道我们长得不美吗?"

石榴激动得红着脸说："冷淡里面就含有轻蔑。"

白兰说："要能体会性格的美。"

仙人掌说："只爱温顺的人，本身是软弱的;而我们却具有倔强的灵魂。"

迎春说："我带来了信念。"

兰花说："我看重友谊。"

所有的花都说了自己的话，最后一致地说："能被理解就是幸福。"

这时候，月季说话了："我们实在寂寞，要是能和众姊妹们在一起，我们也会更快乐。"

众姊妹们说："得到专宠的有福了，我们被遗忘已经很久，在幸运者的背后，有着数不尽的怨言呢。"说完了话之后，所有的花忽然不见了。

他醒来的时候，心里很闷，一个人在院子里走来走去，他想："花本身是有意志的，而开放正是它们的权利。我已由于偏爱而激起了所有的花的不满。我自己也越来越觉得世界太狭窄了。没有比较，就会使许多概念都模糊起来。有了短的，才能看见长的；有了小的，才能看见大的；有了不好看的，才能看见好看的……"

从那天起，他的院子逐渐成了众芳之国。

"浑沌"的命运

在传说中南海的君王叫"倏"，北海的君王叫"忽"，中间的帝王叫"浑沌"。倏与忽经常做客于浑沌的国土，接受浑沌丰盛的招待，倏与忽欲报答浑沌热情的款待，想着人都有七窍而浑沌却没有，就想有一天凿出一窍，让浑沌也能跟他们一样享受美食、音乐、怡人的景色等，没想到等七天凿完七窍后，浑沌却因此死了。

其实**每个人都有他的体质与活动的条件，很难将其他人的条件硬套在另一个人的身上；生活的方式虽有多种，但智者只采取适合自己的一种。**

学唱歌的驴子

有这样一则寓言是这样讲的：一头驴听说蝉唱歌好听，便头脑发热，要向蝉学习唱歌。于是蝉就对驴说："学唱歌可以，但你必须每天像我一样以露水充饥。"于是，驴听了蝉的话，每天以露水充饥，其结果呢，没有几天，驴就饿死了。

　　这个故事讲起来有点可笑，可现实生活中像驴这样的人还很多。不要总觉得别人拥有的比自己好，不顺应规律，勉强行为是一切痛苦和灾难的本源。

心灵悄悄话
XIN LING QIAO QIAO HUA

　　希望同学们有勇气有魄力去打破现有的成长方式，有头脑有信心创造属于自己的成长模式，有眼界有心胸追求更宽广的地平线。一句话，适合自己的学习方法很重要，适合自己的成长方式更重要！

学会冷静面对不如意

我们这些普通人，在现实生活中，免不了会遭到不幸和烦恼的突然袭击。有一些人，面对从天而降的灾难，处之泰然，总能使平静和开朗永驻心中；也有的人面临突变而方寸大乱，一蹶不振，从此浑浑噩噩。为什么受到同样的心理刺激，不同的人会产生如此的反差呢？原因在于是否能够学会冷静应变。

现代医学认为，在影响人体健康和长寿的因素里，精神和性格起着非常重要的作用，一个人的精神状态和性格特点，同先天遗传因素有一定关系，但是更主要的是由后天的社会环境的影响决定的。面临灾难与烦恼，必须居高临下，反复思考，明察原因，这样能使你很快地稳定惊慌失措的情绪，然后鼓足勇气，扪心自问，我是否已失掉渡过难关的信心了？多去思考诸如此类的问题是冷静应变的首要诀窍。另外**要认识到不幸和烦恼并不是不可避免的，也许是自己钻牛角尖，无端地把自己与烦恼绑在一起，折磨自己。**

科学研究表明，"入静状态"能使那些由于过度紧张、兴奋引起的脑细胞机能紊乱得以恢复正常，你若处于惊慌失措心烦意乱的状态，就别指望能用理性思考问题，因为任何恐慌都会使歪曲的事实和虚构的想象乘隙而入，使你无法根据实际情况作出正确的判断。当你平静下来，再看不幸和烦恼时，你也许会觉得它实际上并没有什么了不起。正视自己和现实就会发现，所有的恐怖与烦恼只是你的感觉和想象，并不一定是事实的全部，实际情形往往总比你想象的好得多，人所陷于的困境往往来源于自身，对自己和现实有一个全面正确的认识，是在突变面前保持情绪稳定的前提之一。当你处于困境时，被暴怒、恐惧、嫉妒、怨恨等失常情绪所包围时，不仅要压制它们，更重要的是千万不可感情用事，随意作出决定，要多想想别人能渡过难关，我为什么不能冷静应变，调动自己的巨大潜能去应付突变呢？

　　大量的实验证明,平衡的心理是任何一个面临突变,但却不被突变所击垮的人必备的心理素质。要学会自我宽容,人世间没有无所不能的人,人外有人,天外有天,企求事事精通、样样如意只会促使自己失去心理的平衡。所以应先明了你可以稳操胜券的事情,并集中精力去完成它,你定会因此而感到莫大的喜悦。不要怕工作中的缺点和失误,成就总是在经历风险和失误的自然过程中才能获得。懂得这一事实,不仅能确保你自己的心理平衡,而且还能使你自己更快地向成功的目标挺进。不要对他人抱过高的期望,百般挑剔,希望别人的语言和行动都要符合自己的心愿,投己所好,是不可能的,那只会使你自寻烦恼。有时要回避烦恼去做一些力所能及的事,并以此为荣,以此为乐,这是保持心理平衡的重要一环。

　　心情舒畅是冷静应变的前提,也是它的结果。但在不幸和烦恼面前,怎样才能使身心舒畅呢? 行之有效的办法不外乎是:尽情地从事自己的本职工作和培养广泛的业余爱好,暂时忘却一切,尽情享受娱乐的快感。

　　只要你多给人们以真诚的爱和关心,用赞赏的心情和善意的言行对待身边的人和事,你就会得到同样的回报。要学会宽恕那些曾经伤害过你的人,别对过去的事耿耿于怀。宽恕,能帮助我们弥合心灵的创伤。相信自己的情感,千万不要言不由衷,行不由己,任何勉强、压抑和扭曲自己情感的做法只能加剧自己的苦恼。

　　因此保持冷静的心态,就是多让自己保持心情舒畅,找到一个心态平衡的支点,这样冷静就会慢慢地、慢慢地走近你。

　　8 岁的帕科放学以后气冲冲地回到家里,进门以后使劲地跺脚。他的父亲正在院子里干活,看到帕科生气的样子,就把他叫了过来,想和他聊聊。

　　帕科不情愿地走到父亲身边,气呼呼地说:"爸爸,我现在非常生气。华金以后甭想再得意了。"

　　帕科的父亲一面干活,一面静静地听儿子诉说。帕科说:"华金让我在朋友面前丢脸,我现在特别希望他遇上几件倒霉的事情。"

　　他父亲走到墙角,找到一袋木炭,对帕科说:"儿子,你把前面挂在绳子上的那件白衬衫当作华金,把这个塑料袋里的木炭当作你想象中的倒霉事情。你用木炭去砸白衬衫,每砸中一块,就象征着华金遇到一件倒霉的事情。我们看看你把木炭砸完了以后,会是什么样子。"

帕科觉得这个游戏很好玩，他拿起木炭就往衬衫上砸去。可是衬衫挂在比较远的绳子上，他把木炭扔完了，也没有几块扔到衬衫上。

父亲问帕科："你现在觉得怎么样？"

他说："累死我了，但我很开心，因为我扔中了好几块木炭，白衬衫上有好几个黑印子了。"

父亲看到儿子没有明白他的用意，于是便让帕科去照照镜子。帕科在一面大镜子里看到自己满身都是黑炭，从脸上只能看到牙齿是白的。

父亲这时说道："你看，白衬衫并没有变得特别脏，而你自己却成了一个'黑人'。你想在别人身上发生很多倒霉事情，结果最倒霉的事却落到自己身上了。有时候，我们的坏念头虽然在别人身上兑现了一部分，别人倒霉了，但是他们也同样在我们身上留下了难以消除的污迹。"

心灵悄悄话
XIN LING QIAO QIAO HUA

　　人非圣贤，孰能无过？人非仙佛，哪不犯错？过而能改，善莫大焉，错而改之，方乃为上。其实没什么大不了，不必沮丧，改了，明天依旧阳光。放弃你的怨恨和叹息，心情会灿烂无比；忘却众多的不如意，生活还是会青睐你；把恶劣的心情甩到九霄云外，未来的金钥匙掌握在你的手里，乐观向上才是最重要的！

第一篇　学会付出，在艰难中成长

从容面对成长难题

　　对于善于变通的人而言，这个世界上不存在困难，只存在着暂时还没想到的方法，然而方法终究是会想出来的，所以，善于变通的人只有一个归宿，那就是成功。

　　萧伯纳说："明智的人使自己适应世界，而不明智的人只会坚持要世界适应自己。"

　　而今天的我们则说："变通是天地间最大的智慧，是才能中的才能，智慧中的智慧。"假如你陷入了困境，不要消沉、不要焦虑，寻找一个积极解决问题的方法，它就是变通。

　　成功人士有一个共同的特点，都具备坚韧不拔、锲而不舍的精神。

学会勇于承担责任

一个人迈向成熟的第一步应该是敢于承担责任。我们在世上走一遭，就要为生命中的许多事情负责任。

记得一次，我那刚学会走路的小女儿汉娜想将一把小椅子搬到厨房去找东西。我看到后很紧张地赶了过去，但在我赶过去之前，小汉娜就已经从那把椅子上摔了下来。我赶快把她扶了起来，问她有没摔痛。只见我的小女儿怒气冲冲地向那把令她摔下来的椅子狠狠踢了一脚，而且嘴里面还不停地嘀咕着："叫你再摔我，都怪你，摔得我好痛呀！"

其实，你如果常和儿童接触，就会看到他们时常有类似的举动。对于年幼的儿童来讲，这种做法没有什么不对的。他们年幼的思想中认为责怪那些东西或者毫不相干的人，仿佛就可以减轻伤痛一样，儿童有这种举动也实属正常。

可是，若到了成年以后，还有这种行为发生，那可就太不应该了。

作为一个成熟的人，我们首先要做的就是应该勇于承担责任。在面对大大小小应该由我们承担的责任面前，我们应尽力去承担，而不要像小孩子拿椅子出气那样不负责任。

在现实生活中，即便是成年人也会有推卸责任的事发生。其实想想原因是很简单的，因为**责怪别人比自己承担责任要容易得多**。我们中的一些人总是在抱怨别人。责怪父母、同学、朋友、儿女、配偶甚至整个社会。也许，对那些心智不成熟的人，永远都有理由为自己开脱，他们总是想着找各种各样的理由去说服自己推卸责任，而不考虑怎样去承认错误，直面困难，并最终去解决困难。

举例来说，我认识一个女孩，她总是抱怨她母亲如何干涉她的生活。事情是这样的，在女孩很小的时候，她的父亲就离她们而去了，剩下母女俩相依为命，承担家庭生活的重担就落在了她母亲一个人身上，于是她的母亲一方面要在外面辛苦地工作，一方面又要教育年幼的女儿。她母亲是那种非常要强的人。所以经过自己的奋斗，在工作上开拓了自己的一片天地，成了地道的女强人。在生活上，她非常细心地呵护着自己的女儿，不让她受一点风雨，让她受最好的教育，念最好的大学。但是她的女儿却并不喜欢这种被照顾的方式，反而把她母亲看作自己成长的最大障碍，心里总是抱怨她母亲。

这个女孩很悲观地认为，自己的行动被母亲的专制笼罩着，她总有一种时刻与母亲竞争的感觉。她的母亲总是很委屈地说："我搞不懂她到底怎么想的，我想尽办法让她生活得更优越，更疼爱她，我这样辛苦的工作完全是想给她创造更好的机会，可为什么却让她越来越有压力呢？"

这种情况并不少见，现在的父母想尽办法让子女过得更好，但是他们却还是要遭受来自儿女的指责与抱怨。这都表现出少年儿童的心智不成熟和心理的叛逆。她们把责任推给父母是很不应该的。

但是，有些情况却不同。比如伟大的乔治·华盛顿，他的出身并不富裕，父母也只是普通人，但是他却能凭着自身惊人的力量推动历史，成为美国乃至世界最有名的历史人物。林肯也是一样，在他的一次演说中，我们可以看到他勇于承担责任的伟大气概："我对全美国人民、基督教、人类历史及上帝——都负有责任。"

哈瑞·艾默生·福斯狄克在他那本《洞视一切》的书中说："斯堪的那维亚半岛人有一句俗话，我们都可以拿来鼓励自己：北风造就维京人。我们觉得，有一个很有安全感而很舒服的生活，没有任何困难，舒适而清闲，这些就能够使人变得很快乐，正相反，那些可怜自己的人会继续可怜他们自己，即使舒舒服服躺在一个大垫子上的时候也不例外。可是**在历史上，一个人的性格和他的幸福，却来自各种不同的环境，好的、坏的，各种不同的环境，只有他们自己才能肩负起他们个人的责任。**所以我们再说一遍：北风造就维京人。"

我的训练班中有一名女学员，一次下课后，她来到我的办公室找我。那时，我们正在讲如何更好地记住姓名，她的苦恼正是由于这点："先生，我真的是记不住那么多的名字，也别指望我能记住，这是我的一个大弱点。"

　　我疑惑地问她："为什么？别人都可以尽量做到呀！"

　　她很自然地回答我说："这是我家的遗传，我们整个家庭成员的记忆力都很差，所以别指望我在这方面能够有什么突破，我做不来的。"

　　"小姐，恕我直言，我认为你的问题好像不在遗传，也许是你自己的惰性在作怪吧？你以为责怪你的遗传因素比自己用心去记忆来得容易，所以你懒得去面对你的困难，不愿意突破自己。我想你应该努力去记忆，我也许可以帮你。"

　　于是，我认真地帮她作了几个简单的记忆训练，她听从了我的劝告，积极同我配合，十分专心地和我一起改进，取得的效果也很好。不过，要想让她完全改变原来的习惯，还是需要一段时间的，但是我至少让她在观念上有了转变。她运用我所教她的一些技巧，终于在记忆力方面得到了改善。

　　可见，**任何习惯都不是天生的，都不是因为别的条件而形成的，所以只要承认缺点，承担起责任去努力地克服它，没有什么不可改变的。**

　　当今，还有一种逃避责任的方法，就是去找一位心理医生，然后花上很长时间，向心理医生讲出自己面临的种种困难与问题，把自己的困难完全告诉心理医生，然后从医生口中寻求自己该怎样做。尽管这种方式相当的昂贵，但还是有许多人乐此不疲。

　　当然，我并不反对心理治疗这种方式。威廉医生在《乳儿精神病学》中有这样的阐述："目前日益增多的心理医生把大家宠坏了。"他指出，喜欢向心理医生求助的人总是为自己的弱点找个心理学上的借口，他们以此来寻找精神上的安慰，这样他们就不用费力地去面对任何需要面对的责任。

　　很早以前，英国的都铎王朝有一项习俗，就是每位有皇族血统的小孩都会记着一位所谓"挨鞭子的男孩"。身为皇族，自己的规矩有很多，所以作为皇家小孩，如果有任何冒犯行为，都会受到惩罚。为了让陛下遵守不冒犯皇族的规定，他们往往请一个"替罪羊"来承受皇室小孩的责罚。尽管是受罚，但这种职位却相当的受欢迎，甚至有些人抢着去做，这不仅因为有薪水可

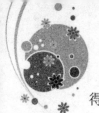

得，而且还可以为他们日后能到皇家工作做个铺垫。

尽管现在这种行业已经没有了，但这种找"替罪羊"的行为还在一些心智不成熟的人身上有所体现。这些人总是把许多东西当作责怪的对象，但就是不敢勇于承担自己的责任。在这些被视为造成人们诸多困难的外在因素中，许多人还将迷信的星相学或是命相学作为自身不是的理由。比如有些人说："我的生辰八字就决定了我一生命运坎坷"。或者"我的星座就决定了我这种多变的性格"等等。这些都可以成为人们对许多困难与不幸的最常见的解释。

但莎士比亚却曾在《恺撒大帝》中有过这样一段精彩的话语："亲爱的布鲁斯诺，这样的错误，并不应归结于我们所属的星座，而是我们养成的长期的听命的习惯。"

所以，对于那些希望自己的心灵不断成熟的人，他们最应该做的事情是：要勇于对自己的行为负责，不要总把责任推卸给别人。

心灵悄悄话
XIN LING QIAO QIAO HUA

有时候，专注于某一件事情，尽力把它做得尽善尽美无可挑剔，可能会比技能虽多但无专长的人更容易获得成功。责任没有标价，却可以让人的灵魂贬值，也可以让人的心灵高贵；责任没有重量，却可以让人的生命意义如鸿毛之轻，或如泰山之重。

在错误中成长

所谓的"失败"每个人都有不同的标准,包括成功也是每个人都有不同标准的。不要把社会上的所谓的标准给自己框死,要知道那些标准也是人制定的,或者说是所谓的某些群体制定的,传播的,是为了维护某些利益需要的,让社会上大部人认同的,比如书本的文章,也是人写的,对与错其实谁也不知道,但大多数人说他对那就是对的,错的也成对的了。

勇于承认自己的错误

任何一个愚蠢的人,都会尽力辩护自己的过错,而一个能勇于承认自己错误的人,却可以使他出类拔萃,给人以尊贵高尚的感觉。

在离我居住地步行不到一分钟的地方,有一座小树林,那里树木茂盛。春天到来时,树林里的野花争相斗艳,松鼠哺育着自己的孩子,马尾草疯长到了马首那么高,周围的人都称这里为森林公园。我经常带着我的波士顿狗洛斯来此散步。我的小猎狗绝对是那种温顺可爱不伤人的小狗。在森林公园也少有人来,所以,我不给我的小狗戴狗套或是皮带。

有一天,我带我的小狗来森林公园散步,恰好遇到了一位骑马的警察,他神色威严,仿佛恨不得把他的权威马上行使出来。

"先生,您让您的小狗在这里到处乱跑,还不给它戴口套或皮带,您知道这么做有多危险吗?您这样做不但会使狗咬伤路人,还是一种违法的行为!"他责备道。

我很诚恳地看着他,轻声地说:"是的,先生,我这样做的确是触犯了法

律，可是，这么一只小狗，不至于对人造成伤害吧？"

"什么事都不可能是绝对的！你想不会有就一定不会吗？法律可不是这样规定的，也许你的狗就有可能伤害到附近的松鼠，或者是小孩子。到那时，你的想法就不是这样了。我这次不追究你了，但是，如果下次再让我看到你带着这只不戴口罩也不拴皮带的小狗，我可就要追究你的法律责任了。"

我对警察保证以后不再犯这种错误，并且一直遵守着这条原则带我的小狗散步。但事实上，小洛斯根本不喜欢被口罩或是皮带束缚，我也希望它能玩得开心。于是我决定碰一次运气。

又是一个晴朗的下午，我没有给洛斯带口套和皮带，一开始它玩得很尽兴，但后来，我就遇到了麻烦。只见那位曾经警告过我的警官骑着那匹枣红大马向我奔过来，洛斯不知情地往他的方向奔了过去。

这下可麻烦了，心知肚明的我十分愧疚，我没等他开口就主动向他坦白了自己的错误："先生，十分抱歉，我没有遵守诺言，我再次触犯了法律，您曾经提醒过我不能让小狗不带口套或皮带就出来，可我没有照办，您处罚我吧。"

出乎我的意料，警察并没有严厉地处罚责备我，而是很轻柔地对我说："我想，也许没你说得那么严重，我很理解，没人在时，让这只小狗自由玩耍的诱惑力。"

"可是我触犯了法律呀！"我回答说。

"谁都知道，这样一只小狗怎么可能会伤害别人呢？"警察安慰我道。

"可是，它却有可能伤害松鼠呀！"我又小心地说。

"也许事情没你想得那么严重，这样吧，以后你可以让小狗自由些，只要让它跑过这座山，到我看不到的地方就行了。"警察微笑着告诉我。

我此时感觉很棒，那件事很快平息了。其实，警察虽然是执法者，但也是和普通人一样的，他们也需要满足自己的自尊感。反过来，如果我和他争辩，所得的结果也可想而知。

我没有和他辩论，而是用谦虚的态度承认了自己的过错，肯定了他的权威，并肯定了自己的错误。所以，他非但没有指责我，反而帮我说起话来。

如果在某些情况下，我们要接受责备，不妨先坦诚地承认自己的错误，

这样一来，对方便不会那么生气，反而会宽容你，忽略你错误的严重性。

费迪南德·沃伦是一位优秀的平面设计大师。他为别人做的广告创意或是印刷品绘图纸的质量应该说是准确无误的，可是人非圣贤，孰能无过，尤其是在某些时候，比如，编辑们总是不给你充足的时间去完成那些工作。

有一次，费迪南德·沃伦为一位美术编辑做的一件加急活中出了一点小差错，那位美术编辑把沃伦请到了他的办公室。沃伦仔细看了自己的图纸，发现的确存在着编辑所说的错误。于是，沃伦便诚恳地说："对不起，先生，您没有说错，那份图纸的确存在着漏洞，我不想辩解什么，和您合作多年，我应该很了解您的意图和风格，出了这样的差错，我深感歉意。"

那位美术编辑见沃伦如此诚恳地说出了自己的错误，很是感动。和颜悦色地说："你的图其实总体来说还是相当出色的，这只不过是一个小小的差错而已，请不要自责了。"

沃伦说："无论错误的大小，只要存在着错误，就会对整体效果有危害。我真应该小心一些，把这个漏洞填平。我把它重新做一遍，您看如何？"

编辑听到这里，很是欣慰，于是对沃伦说："不用了，我真的没有让你重画的意思，你只要稍微改动一下就好了，其实，你做的已经相当不错了，请别太放在心上。"

事后，编辑请沃伦吃了一顿中饭，饭后给了沃伦那份活的报酬，而且又开始了他们下一次的愉快合作。对待勇于承认错误的沃伦，编辑没有理由不去信任他。

用争斗的方法，你绝不会得到满意的结果。但是退一步，你的收获会出乎你的意料。如果我们对了，我们试着友善地说服对方，如果我们错了，我们就要积极地承认错误。这种方法往往会收到惊人的效果，这要比自己辩论有效多了，正如人们常说的"退一步海阔天空"。

南北战争时期，南北双方持续作战。一开始，南军捷报频传，但是，一场盖茨堡战役将局势完全扭转。南方军队将领李将军却把失败全部归到了自己身上。

毕克德的那次进攻，无疑是南北战争中最显赫最辉煌的一场战斗。毕克德具有拿破仑般的勇气，他像拿破仑在意大利战场一样，几乎每天都在战场上写情书，长发披肩，斜戴军帽，快马加鞭与北方军队抗衡，连他那群效忠的部队都不禁为他喝彩,一时间,军旗飞扬,军刀闪耀,阵容威武壮大,甚至连北方军也禁不住叫好。

毕克德的军队穿过果园和玉米地,翻过小山,向北方军冲去。北方军轰鸣的大炮不能阻止他们前行,根本没有使他们退缩。

然而,一会儿的工夫,北方步兵从墓地后面窜出来,对毫无防备的毕克德军队猛烈地射击,几分钟后,一个个都倒下了,5000多士兵只剩下了五分之一。

毕克德统率剩下的士兵继续拼杀,他们用军刀顶着军帽高喊:"弟兄们,冲啊,宰了他们!"他们跳过石墙,用刺刀与北方军队搏斗。终于把军旗插在墓地北方的阵地上。

军旗只飘扬了一会儿,成为南方军最后的记录,由于兵力不足,结果南方军队在这次战役中失败了。

李将军非常悲痛,他向上级部门递交了辞呈,要求改派"一位更年轻有为之士"。他将毕克德在这次战争中失败的责任,全部归咎于自己,虽然他可以找借口推脱自己的责任,归于师长失职,援兵不够等等,可是他没有。当残兵回来时,李将军亲自出迎,而且自责道:"都是我的过失,是我失掉了这场战斗,我应该负起全部责任。"

历史上很少有将领会有如此的勇气和情操,承认自己的过失,并独自负起战争失败的责任。所以,**当我们对时,我们要用温婉谦和的态度去得到别人的赞同,当我们错的时候,我们要当即真诚地承认自己的错误。**

面对错误的态度

唯一可以使过去的错误具有价值的方法,就是冷静地分析我们过去的错误,并从错误当中得到教训,然后再把错误忘掉。

就在我写这句话的时候,我可以望望窗外,看见我院子里一些恐龙的足迹——一些留在大石板和石头上的恐龙的足迹。这些恐龙的足迹,是我从耶鲁大学的皮博迪博物馆买来的。我还有一封由皮博迪博物馆馆长写来的信,说这些足迹是一亿八千万年以前留下来的。就连白痴也不会想能够回到一亿八千万年前去改变这些足迹。而一个人的忧虑就正如这种想法一样愚蠢;因为就算是 180 秒钟以前所发生的事,我们也不可能再回头去纠正它——可是我们有许多的人却正在做这样的事情。说得确实一点,我们可以想办法来改变 180 秒钟以前发生的事情所产生的影响,但是我们不可能去改变当时所发生的事情。

唯一可以使过去的错误有价值的方法,就是平静地分析我们过去的错误,并从错误当中得到教训——然后再把错误忘掉。

我知道这句话是有道理的,可是我是不是一直有勇气、有脑筋去这样做呢?要回答这个问题;让我先告诉你几年以前我所经过的一次奇妙经验吧。我让三十几元钱从大拇指缝里溜过,没有得到一分钱的利润。事情的经过是这样的:

我开办了一个非常大的成人教育补习班,在许多城市里都有分部,在组织费和广告费上,我也花了很多的钱。我当时因忙于教课,所以既没时间、也没心情去管理财务问题,而且当时也太天真,不知道我应有一个很好的业务经理来分配各项支出。

最后,过了差不多一年,我发现了一件清楚明白,而且很惊人的事实:我发现虽然我们的收入非常之多,却没得到一点利润。当发现了这点以后,我应该马上做两件事情:

第一,我应该有那个脑筋,去做黑人科学家乔治·华盛顿·卡佛尔在银行倒闭了,他 5 万元的账——也就是他毕生的积蓄——时所做的那件事。当别人问他是否知道他已经破产了的时候,他回答说:"是的,我听说了。"然后继续教书。他把这笔损失从他的脑子中抹去,以后再也没有提起过。

我应该做的第二件事是,分析自己的错误,然后从中学到教训。

可是坦白地说,这两件事我一样都没有做。相反的,我却开始发愁。一连好几个月我都恍恍惚惚的,睡不好,体重减轻了许多,不但没有从这次大错误里学到教训,反而接着犯了一个只是规模小了一点的同样错误。

对我来说,要承认以前的这种愚蠢的行为,实在是一件很窘迫的事。可是我很快地发现:"去教 20 个人怎样做,比自己一个人去做,要容易得多了。"

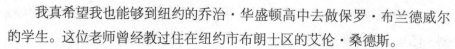

我真希望我也能够到纽约的乔治·华盛顿高中去做保罗·布兰德威尔的学生。这位老师曾经教过住在纽约市布朗士区的艾伦·桑德斯。

桑德斯先生告诉我,他生理卫生课的老师保罗·布兰德威尔博士教给他最有价值的一课。

当时我只有十几岁,可是那时我已经常为很多事情而发愁。我经常为我自己犯过的错误自怨自艾;交完考试卷之后,我常常会半夜里睡不着;咬着自己的指甲,怕我没办法考及格;我老是在想我做过的那些事情,希望当初没有发生;我老是在想我说过的每句话,希望我当时把那些话说得更好。

有一天早上,我们全班到了科学实验室。老师保罗·布兰德威尔博士把一瓶牛奶放在桌子边上。我们都坐了下来,望着那瓶牛奶,不知那跟他所教的生理卫生课有什么关系。然后,保罗·布兰德威尔博士突然站了起来,一掌把那瓶牛奶打碎在水槽里——一面大声叫道:"不要为打翻的牛奶而哭泣。"

然后他叫我们每个人都到水槽边去,好好地看那瓶打碎的牛奶。"好好地看看,"他告诉我们,"因为我要你们这辈子都要记住这一课,这瓶牛奶已经没有了——你们可以看到它都漏光了,无论你怎么着急,怎么抱怨,都没办法再救回一滴。只要先用一点思想,先加以预防,那瓶牛奶就可以保住。可是现在已经太迟了——我们现在所能做到的,就只是把它忘掉,丢开这件事情,只注意下一件事。"

这次小小的演示,在我忘了我所学到的几何和拉丁文以后很久都让我记忆犹新。

事实上,这件事在实际生活中所教给我的,比我在高中读了那么多年所学到的任何东西都好。它教我只要可能的话,就不要打翻牛奶,万一牛奶打翻、整个漏光的时候,就要彻底把这件事情给忘记。

有些读者大概会觉得,花这么大力气来讲那么一句:"**不要为打翻了的牛奶而哭泣**"的老话,未免太无聊了。我知道这句话很普通,也可以说很陈旧。但像这样的老生常谈,却饱含了多年来所积聚的智慧,这是人类经验的结晶,是世世代代传下来的。如果你能读尽各个时代许多伟大学者所写的有关忧虑的书,你就不会看到比"船到桥头自然直"和"不要为打翻的牛奶而哭泣"更基本、更有用的老生常谈了。只要我们能够应用这两句老话,不轻视它们，我们就根本用不到这本书了。然而，如果不加以应用，知识就不是力量。

本书的目的并不在告诉你什么新的东西，而是在提醒你那些你已经知道的事，鼓励你把已经学到的东西加以利用。

我一直很佩服已故的佛雷德·福勒·夏德，他有一种能把老的事例用又新且吸引人的方法说出来的天分。他是一家报社的编辑。有一次大学毕业班讲演的时候，他问道："有多少人曾经锯过木头？请举手。"大部分的学生都曾锯过。然后他又问道："有多少人曾锯过木屑？"

没有一个人举手。

"当然，你们不可能锯木屑，"夏德先生说道，"因为那些都是已经锯下来的。过去的事也是一样，当你为那些已经做完的和过去的事忧虑时，你不过是在锯一些木屑。"棒球老将康尼·麦克81岁的时候，我问过他有没有为输了的比赛忧虑过。

"噢，有的。我以前常会这样，"康尼·麦克告诉我说，"可是多年以前我就不干那种傻事了。我发现这样做对我一点好处都没有，磨完的粉子不能再磨，"他说，"水已经把它们冲到底下去了。"

不错，磨完的粉子不能再磨；锯木头剩下来的木屑，也不能再锯。可是你却还能消除你脸上的皱纹和胃里的溃疡。在去年感恩节的时候，我和杰克·登普西一起吃晚饭。当我们吃火鸡和橘酱的时候，他告诉我他把重量级拳王的头衔输给滕尼的那一仗。当然，这对他的自尊打击很大。

"在拳赛的当中，我突然发现我变成了一位老人……到第十回合终了，我还没倒下去，可是也只是没有倒下去而已。我的脸肿了起来，而且有许多处伤痕，两只眼睛几乎无法睁开……我看见裁判员举起吉恩·滕尼的手，宣布他获胜……我不再是世界拳王，我在雨中往回走，穿过人群回到自己的房间。在我走过的时候，有些人想来抓我的手，另外一些人眼睛里含着泪水。"

"一年以后，我再跟滕尼比赛了一场，可是一点用也没有，我就这样永远完了。要完全不去愁这件事实在很困难，可是我对自己说：'我不打算活在过去当中，或是为打翻牛奶而哭泣，我要能够承受这一次打击，不能让它把我打倒。'"

而这一点正是杰克·登普西所做到的事。怎么做呢？只是一再地向自己说:"我不为过去而忧虑"吗？不是的！这样做只会强迫他想到他过去的那些忧虑。他的方法是**承受一切，忘掉他的失败，然后集中精力为未来计划**。他的做法是经营百老汇的登普西餐厅和大北方旅馆；安排和宣传拳击赛，举行有关拳赛的各种展览会；让自己忙着做一些富于建设性的事情，使他既没时间也没心思去为过去而担忧。"在过去十年里，我的生活，"杰克·登普西说，"比我在做世界拳王的时候要好得多。"

登普西先生告诉我，他没读过很多书，可是，他却是不自觉地照着莎士比亚的话去做：聪明的人永远不会坐在那里为他们的损失而悲伤，却会很高兴地想办法来弥补他们的创作。当我读历史和传记并观察一般人如何度过艰苦的环境时，我一直感觉既吃惊，又羡慕那些能够把他们的忧虑和不幸忘掉并继续过快乐生活的人。

我曾到新新监狱去看过，那里最令我吃惊的是，囚犯们看起来都与外面的人一样快乐。我当即把我的看法告诉了刘易士·路易斯——当时新新监狱的狱长——他告诉我，这些罪犯刚到新新监狱的时候，都心怀怨恨而且脾气很坏。可是经过几个月以后，大部分聪明一点的人都能忘记他们的不幸，安定下来承受他们的监狱生活，尽量地过好。路易斯狱长告诉我，有一个新新监狱的犯人——一个在园子里工作的人——在监狱围墙里种菜种花的时候，还能一面唱歌。

心灵悄悄话
XIN LING QIAO QIAO HUA

如果把"付出"看成一种投入的话，那么"杰出"就是产出。投入与产出是能成正比的！一个人只有真正付出了，才能完全取得成功。只要你的目标明确，方法有效，经过持之以恒的努力，你一定可以登上心中那座神圣的山峰！正直使人具备了冒险的勇气和力量，他们欢迎生活的挑战，绝不会苟且偷安，畏缩不前。一个正直的人是有把握、并能相信自己的——因为他没有理由不信任自己。

不要轻易指责他人

指责和批评他人之前一定要三思而后行。如果犯错者完全清楚是什么原因,怎样发生的,也清楚如何避免让错误再次发生,那你就大可不必再加以严厉批评。这只会让别人感到更难受,更不快,批评是毫无意义之举。

在这里,我们必须明白"过错"有两项基本的要素:第一、我们每个人都有可能犯错误。第二、我们每个人都喜欢指责别人的过错,但对于别人给我们的指正却不那么乐意接受。

生活中,绝对没有一个人喜欢接受别人给他的责备与批评,甚至指正。当别人指责我们时,我们有时也会被激怒。这一点上估计每个人都是这样。如果你想伤害别人,使他丢掉自尊,你不需要做太困难的事情,只要给他以严厉的批评和指责,告诉他计划做得很差劲,质量不合标准,或是生活习惯不良等等。即便他是真的存在错误,也不会轻易改正的。

要知道,每个人都会因某种原因而犯下错误,人无完人,所以适时地收回你的批评,所得的结果未必不好。

在面对批评时,我们最重要的是要尽量避免指责和批评。

雷比设计公司总裁史塔诺对此深信不疑。他表示:"当错误发生时,大家一定会这样想,这究竟是谁的责任? 这就好像是人们与生俱来的一种本能,当遇到问题时,人们总是想找个人来承担,然后对其加以指责。"

史塔诺总是抱着尽量避免批评与指责的原则来要求自己与员工的。他曾说:"我尽量保持不轻易批评每个人的原则来与大家相处。尽管我们总是喜欢对别人说教,当别人犯错时,我们就开始责怪别人。所以我们要尽量想个最好的解决办法去面对错误,一味地批评与抱怨解决不了任何问题。"

史塔诺又接着说:"你要明白,自己真正想要达到的目的是什么? 你凭借着有效的行动能力,把今天的工作做好,这才是最重要的。很明显,指责

某人的错误是永远也达不到你所要达到的目的的。"

联邦品质机构的主管库克说:"人们到公司工作,都希望能尽力完成好工作,没有一个人想把工作搞糟,了解这一点的老板一定会努力让自己不再批评、指责员工的。"

北岸大学附属医院有 755 张病床,院长杰克正在为一个让他头痛的问题着急。这几年,北岸医院的规模有了很大的提升,床位也有了明显的增加,可是厨房的设备却依然停留在只能供应 169 张病床的规模。

于是,医院决定建造新的厨房操作间,杰克请他的同事处理这件事,他提出两点要求:招聘一位停车顾问和饮食专家。

杰克由于工作忙,没有全程监督工程的进程,到了快完工的日子,却因为很多东西没有处理完善而导致了工程的延期。事实上,那位同事根本就没按杰克的要求去安排停车顾问以及饮食专家,从而导致了新的医院厨房不能使用。

当杰克了解了情况后,他很清楚现在的处境,因为建筑物已经动工,而且投入了大量的资金,图纸设计也不能再更改了,但是这次整修却没有得到好评,因为新的厨房照样不够大,食物也没有任何提高,这使医院的名声有所下降。

这次的失败并不是杰克的错,他大可以指责批评那位同事做事不认真。可是他却没有那样做,把同事大骂一顿就能换来美味而有营养的食物和有更宽敞的厨房吗? 这些都不可以,所以,批评没有任何意义。

杰克经过认真思考后说:"我不应该把时间放在批评别人身上,现在最急需做的就是重新修改系统,想办法改善这种不良的状态。浪费时间去指责别人,对这件事情毫无益处。"

每个人都不愿被指责与批评,被严厉批评过的人通常都不愿再冒风险,或再提新的主意。其实我们也不要因某一件事的错误就否定了他的全部贡献。

著名的化妆品公司玫琳凯很早就开始施行这种理念。他们将改善作为目的,而并不是严厉的批评。玫琳凯的经理巴特尔说:"我们不再使用任何权衡的考核,我们要的是业绩。因为没有任何人愿意被指责与批评,我们所要做的是如何帮助员工更好地工作,创作更多的效益。如何改善你的工作能力和方法,这是由你们的观点看的,而不是我的。"这是多么明智的领导方针呀!

我们都同意这句话:**"没有谁会愿意被批评,但却有许多人都喜欢批评别人,但这对于你来说没有任何意义。"**

当然在不批评别人的同时,你可以用一些巧妙的方法来达到你的目的。

一位退休的老人在她家乡的乡间买了一幢别墅,打算清闲安静地度过余生。起初,她住得很舒服,周围环境很安宁。可过了几个星期,她就被某种噪音吵得难以安静了。原来,有三个年轻人总是在附近踢垃圾桶。老妇人受不了这种吵闹的行为,决定出去和他们评理。

老妇人的做法一定出乎你的意料,她并没有直接找上去批评指责年轻人,而是用了一种别的方法。

她温和地对三位年轻小伙子说:"你们玩得很开心嘛!如果你们每天都过来踢垃圾桶的话,我就给你们一块钱。"三位年轻人有些疑惑,互相看了看,高兴地接过钱,用力地踢起了所有的垃圾桶。

没过几天,当三位年轻人正要踢垃圾桶时,老人找到了他们,并满脸忧愁地对他们说:"很抱歉,我现在的收入越来越少,从今天起我只能每人给你们5角钱了。"三位男孩有些不满,但还是接受了老人的钱,并坚持每天下午将这些垃圾桶全部踢倒。

一周后,老人又来找三个年轻人谈话。她说:"真是不好意思,我最近没有收到养老金,所以每天只能给你们2角5分钱了,你们原意吗?""什么?就2角5分?开什么玩笑,我们可不想为了2角5分钱就特意跑到这里踢什么倒霉的垃圾桶,我们不干了!"男孩们气愤地说。

最后,结果可想而知了,年轻男孩们再也没有来打扰那老妇人的安静,老妇人也从此过着宁静舒服的生活。

在我们批评别人时,不妨思考一下是否有必要,我们不妨先创造一个开放的轻松的谈话氛围,采取温和的态度,控制好自己的脾气。因为**没有人喜欢听别人指责他,所以我们要做到对事不对人,这样也许会好受些。**当然,你不要忘记他之前所做过的种种贡献。

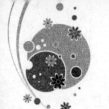

你将无法控制你自己，重要的是你将失去与别人沟通、说服以及激励他人的最好时机。所以，收回你的批评吧，将目光集中到要达到的目标上，这对你会大有益处。

心灵悄悄话
XIN LING QIAO QIAO HUA

记住，当遇到什么事情时，如果你采用一种指责批评的态度，那么他们就会立刻与你对立，他们会觉得自己是对的，人的心理就是这样的。所以无论遇到什么事，都不要指责或看不起别人，因为你一旦开口批评，你就等于输掉了。

适当的批评有利于成长

林肯说:"只要我们不为任何的恶意作出反应,那么这种事就会到此为止"只要相信你自己做得正确,就不要看别人怎么说你。凡是要尽力而为,尽可能地忽略别人对你的批评造成的最大伤害。

当你被别人恶意批评的时候,你要记住,他们之所以这样做,是因为那些人总是自以为是,通常这也就表示着你已经在某些方面有所成就,而且相当值得别人关注了。

1929年,美国教育界发生了一件震惊全国的大事。一位名叫罗勃·赫斯的年轻学者被任命为世界知名的芝加哥大学校长,令人吃惊和不可思议的是,这位名叫赫斯的年轻人才刚满30岁。于是,英国各地的学者都纷纷前往芝加哥,一睹这位年轻校长的风采,而很多的人是怀着这件事是否属实的观点来的。

其实,赫斯引出的这一轰动效应是与他年龄有着直接关系的,而且他的经历也很不寻常。他毕业于耶鲁大学,由于家境贫寒他是半工半读成才的。之前,他做过伐木工人,当过家庭教师,做过作家,甚至还卖过衣服。经历了8年的创业奋斗,他被任命为芝加哥大学最年轻的校长。

许多人都不能够理解,为何用如此年轻的人做一所名校的校长,一时间批评如潮,什么样的说法都有,说他太年轻没有经验,说他根本就缺乏教育观念,各种说法比比皆是,报纸也加入到了批评的行列中,一时间,赫斯被批评和指责所笼罩。

在赫斯上任当天,一个朋友对他父亲说:"我刚看到报纸上对你儿子猛烈的攻击,他能承受得了吗。"赫斯的父亲不以为然地说:"不错,他们的批评很恶劣,但是,请记住,从来没有人会踢一只死狗!"

叔本华曾说过:"**庸俗的人从伟人的错误与失误中会获得极大的快感与**

成就感。"我们看到许多人骂那些教育程度比他高或者某一方面获得成功的人,他们会从中获得很大的满足感。因此,我们根本没有必要理会那些无聊的批评,那些都是徒劳无功的。

就是因为赫斯的成熟突出,以至于引起了大家的嫉妒,尽管许多人批评指责他,但他对此置之不理,正像他父亲所说,"从来没有人会去踢一只死狗。"

美国著名的玉蜀黍大王特雷的成功,令人不得不称赞他惊人的意志。

在他年轻的时候,曾经当过一家著名五金商店的收银员,他工作勤奋努力,一丝不苟,有不明白的问题总是虚心向别人请教。他那时最大的梦想就是能被经理赏识,提升为五金推销员。可是,他卖力地工作却并未得到经理的赏识,反而适得其反。

一天,经理把他叫到办公室谈话,毫不留情地对他大声训斥道:"你脑筋呆板,四肢发达,根本没有任何生意头脑,你还不如去当钢铁厂的苦工吧,你明天不用来上班了。"

特雷面对着如此大的侮辱,并没有灰心,相反,却激起了成为推销员的更大的斗志,他对经理说:"您可以解雇我,那是您的权利,但是,我并不会因为您的嘲笑而承认自己的脑子笨,您等着瞧吧,我会做比您的公司大十倍的生意给您看看。"说完便走出了公司的大门。

特雷把嘲笑与侮辱当成自己工作的动力,他很了解自己的能力,不会受别人指责的干扰,经过几年的不懈努力,终于兑现了自己的诺言,成为全美最著名的玉米大王。

世界最著名的话剧界大师佛洛门先生,也曾是在别人的批评中获得成功的。在当时,有出不太受欢迎的戏剧上演,所以许多剧院都将其从节目中删掉,因为他们觉得无利可图。

佛洛门凭着多年的戏剧经验,认为这出戏剧只要稍加改动,便会大受欢迎。于是他不顾别人的劝告,花了一大笔钱将剧本买下。当时他的朋友们都劝他不要做这种傻事,许多同行也笑他是白痴,但是他都不以为然。佛洛门回到家,仔细研究该剧的内容,开始了改台词、改布景、找高潮等大规模的修改。结果,当这部被改动过的戏剧首演时,赢得了观众们如潮的好评,从此,这部戏剧也名声大起,声名远扬,每天来观看这部戏剧的观众络绎不绝。就连之前嘲笑过他的人都不得不佩服佛洛门的成就。

佛洛门经过自身不懈的努力,终于成了娱乐界知名的大师,他的成功归结于他**不理会任何对自己不利的批评,始终坚持着自己的理想,最后走向了成功。**

著名作家麦克斯·布朗是爱因斯坦的挚友,他为爱因斯坦撰写的《爱因斯坦传》影响很大。这本书反响强烈,极受欢迎。

但是当时有一位文学评论家在报纸上错误地批评了布朗,布朗为此大为不满,于是,爱因斯坦主动写信给他的好朋友布朗:"你对《伦敦时报》文学增刊的一篇评论感到愤怒我是可以理解的,我对此一笑而过。你知道,有些人为了一点稿酬,匆匆浏览文章后,就动笔写了一些目光短浅、一无是处的文章。其实这种似是而非的文章是不会引起多大反响的,你又何必为此苦恼呢?之前,有不少关于我传记的恶意批评和无耻谎言,我都不以为然,要是我对每篇评论都计较的话,我就活不到今天了。你记住,一个人应该学会安慰自己,时间是一个筛子,很无聊的批评都会通过筛子筛入无边的海洋,即便有漏下的,也都不值一提。"

的确,恶意的批评终将会过去,我们又何必为此而闷闷不乐呢?**既然我们无法避免不公正的批评,起码我们要做到自己不受批评的干扰。**

戈那尔是美国一政党的成员,他由于在一次有关本党的决议中投了反对票而招致了该政党领袖的不满。他把戈那尔训斥了一番。

在政党领袖大骂他政党叛徒,没头脑的白痴的同时,戈那尔始终没有抬头反驳。

那位脾气暴躁的领袖见戈那尔对他的责骂无动于衷,更为恼怒了,继续大声地陈述着自己的怨言与指责。但戈那尔就像没听见似的不予理睬,毫无反应,依旧忙着自己的工作。后来,政党领袖骂够了,准备出去。此时,戈那尔才停下手中的活,微笑着招呼他说:"这么快就走吗?我还没听够您的指责,请您继续吧!"政党领袖听了这令人哭笑不得的话,再无话好说,只好转身离去了。

戈那尔没有和那位政党领袖辩解一句,始终在静静地听着,尽管这件事

他有很多有利的理由可以让他辩解，但他都没有那样做，因为他知道在那种情况下，辩解再多，政党领袖也听不进去，此刻的最好办法是保持冷静。

当我们因为某种不公正的批评而感到忧虑时，我们不妨一笑而过，不为之所影响，将批评作为动力，不让批评之箭中伤自己。

心灵悄悄话
XIN LING QIAO QIAO HUA

批评是一门艺术，有益的批评会使对方虚心接受，并认识到自己的错误，及时加以改正。但是，批评也要讲究方法，切记不要当面指责别人的错误，这样会造成对方强烈的反抗。巧妙的暗示对方注意自己的缺点，往往会赢得他人的赞同。批评的方式多种多样，我们一定要委婉地指出别人的错误。间接、委婉地指出别人的错误，要比直接脱口而出的批评温和得多，并且不使人反感。

成长——少年不识愁滋味

54

使自己变得不平凡

越是平凡之中越藏着不平凡，每一件看似平凡的小事，都会是你成功的累积，所以，别轻视生活里的每一件小事，有一天你会发现，看似平凡的生活，原来有着这么多的不平凡。

18世纪的时候瑞典化学家塞勒在化学领域有着相当杰出的贡献，可是瑞典国王却对此毫不知情。

一次欧洲旅行途中，瑞典国王才知道自己的国家居然有这么一位优秀的科学家，于是决定授予塞勒一枚勋章。

可是，负责颁奖的官员孤陋寡闻，又抱着敷衍了事的心态，竟然没有找到欧陆知名的塞勒，而草率地把勋章颁给了一个与他同名同姓的人。

当时，塞勒在瑞典一个小镇当药剂师，他知道国王颁发一枚勋章给自己，也知道发错了人，但是他只付诸一笑，完全不当一回事，仍埋头于化学研究中。

塞勒在业余时间里用极其简陋的自制设施进行实验，首先发现了氧，此后又陆续发现了氯、氨、氯化氢等几十种新元素和化合物。

后来，他更从酒石中提取出酒石酸，并根据实验写成两篇论文，送到斯德哥尔摩科学院。岂料，科学院竟然以格式不合为由，拒绝接受他的论文。

但是，塞勒并不灰心。在获得大量研究成果之后，他根据这些实验写成了一本书，并终于在三十二岁那年当选为瑞典科学院院士。

如果我们也有塞勒这种埋头苦干、锲而不舍的精神，愿意在平凡中追求伟大，那么成功就离我们不远了。

在社会中，除了一些特殊的人从事特定工作外，一般人都很平凡，但不管怎么平凡，只要肯努力，依然可以做出不平凡的成绩。

那种大事做不了，又不肯为小事付出心力的人，是最要不得的。其实，不管是个人，还是公司、企业，成功都源自平凡工作的积累。

公司需要的是能够在平凡中求成长的人。能够认真对待每一件事，把平凡的工作做到最好的人，才是能够发挥实力的人。

不要小看任何一项工作，没有人可以一步登天。当你认真对待每一件事，你会发现自己的人生越来越宽广，成功的机遇也越来越多。

平凡不平凡并不重要，重要的是，你是否能从中找到成功的道路，是否知道要从每一件小事中发现机会。

不漠视自己的平凡，也不小看生活周遭的平凡，如此一来，再平凡的事也能变得不平凡。

要让自己过得更幸福，人的一生是否过得快乐与幸福，往往取决于能不能勇敢走向自己选择的道路。

对于想要改变自我的人，美国食品连锁业的传奇人物黛比·菲尔茨鼓励说："记住，无论如何都要勇敢跨出第一步。你走过第一个最困难的风险，再一次面对风险时就容易多了。"

黛比·菲尔茨出生在一个有很多兄弟姐妹的大家庭，从小她就非常渴望得到父母亲的赞扬和鼓励，但是家里孩子实在太多了，父母忙着养家口，根本就照顾不到她的需求。

这样的成长经历，使得她长大后依然缺乏自信心，后来她嫁给一个事业非常成功的高级管理员，但美满的婚姻并没有改变她的自卑心理。

当参加社交活动时，她总是显得害羞、笨拙，唯一使她感到自信的是在厨房里烹饪。她非常渴望成功，但是，既想鼓起勇气从家务中走出去，又害怕遭到亲友耻笑。

但人总是会变的，她仔细想了想，要不就停止成功的梦想，要不就鼓起勇气走出去。

她决定进入烹饪业，于是鼓起勇气对父母亲和丈夫说："因为你们总是称赞我的烹饪手艺，所以我决定自己开一间食品店。"

他们听了，惊讶地叫道："喔，黛比！这，这不可行呀，要是失败了怎么办？这事很难的，别胡思乱想了。"

他们一直这样劝阻黛比，但是，她不愿意再倒退回去，不愿再像以前那样犹豫不决。

她下定决心要开一家食品店，丈夫虽然始终反对，但是最后仍然给了她开食品店的资金。

岂知，食品店开张的那一天，竟然没有一个顾客光临，她几乎要被冷酷的现实击垮。

第一次冒险就让自己身陷其中，黛比心中有着必败无疑的恐惧，甚至相信亲友们是对的，冒这么大的险是一个错误。

只是，冒了第一个很大的风险以后，面对下一个风险就显得容易多了，所以，她决定继续走下去。

黛比一反平时胆怯羞涩的性格，端着一盘刚烤好的食品上街，请每一个过往的人品尝。

结果，所有尝过的人都赞不绝口，说味道非常好，这让她开始有了信心，许多人也开始接受了黛比的食品。

现在，"黛比·菲尔茨"的名字在全美连锁商店里赫赫有名，她的公司"菲尔茨太太原味食品公司"则是最成功的食品连锁企业，她完全脱胎换骨，成为一个浑身散发着自信的女人！

丘吉尔曾说：**"一个人绝对不可能在遇到危险的威胁时，背过身去试图逃避。若是这样做，只会使危险加倍。但是，如果立刻毫不退缩地面对它，危险就会减半。"**绝对不要逃避任何事物；面对风险，当你信心不足时，不必担心，放大胆，及时迈出决定性的第一步后，只要妥当运用自己的智慧，接下来的难题都可以迎刃而解。

黑暗，只是走向光明的驿站，充满理想的人，能在逆境之中看到希望，在黑暗之中看到光明，因为逆境对他而言只是一种磨炼，黑暗不过是走向光明的驿站。

脚踏实地，一步步累积，只要有着远大目标，再辛苦也愿意坚持，那么，功成名就就不再是脑海里的期望，而是你可以预见的未来。

英国著名的激励大师科布登是一位农民的儿子，年纪很小就被送往伦敦，在一家公司的仓库当童工。

科布登是个勤奋、规矩的孩子，工作之余非常喜欢追求知识。但是，他的主人却认为读书对他的工作毫无助益，警告他别读太多的书，然而，科布登不听，还是喜欢把从书本中获得的知识仔细研读。

不久,他获得了提升,从一个仓库管理员升任为推销员,继而建立起大量的人脉关系,奠定了他往后经商的基础。

事业有成之后,科布登对于公共事务颇感兴趣,尤其对教育情有独钟,后来,便把财富和毕生精力都奉献在激励人心的事业上。

他凭着毅力与恒心,坚持不懈地努力实践,终于成为最具说服力和震撼力的心灵演说家,就连一向不苟言笑、鲜少赞扬别人的罗伯特·皮尔爵士也对科布登的演讲予以高度肯定。

许多激励大师都推崇说,科布登无疑是那些出身贫寒,却能充分发挥自己的价值和才能,并跻身上流社会、受人尊敬的最完美例子。

美国心理学家威廉·詹姆斯指出:"个人奋发向上的努力付出,是取得杰出成就所必须付出的代价。任何成功都必然与好逸恶劳和懒惰无缘,唯有辛勤的双手和大脑才能使人富裕。"

即使一个人出生在富贵家庭,身处社会上层,想要获得稳固的社会声望,也要靠不断的努力。

因为,无形的知识和智慧无法承传,再多的金钱也买不到智慧和自我修养的成果。

想要获得成功,就少说废话,多流汗水,除了辛勤踏实、努力实践,真的没有其他秘诀了。

不要为了小事消耗生命,富兰克林说:"如果你热爱生命的话,就别再浪费时间,因为时间是组成生命的材料。"

每个人在人世间只有生活一回的机会,必须活得清醒、活得亮丽,千万不要为了无谓的小事消耗时间。

只有懂得珍惜时间,我们有限的生命才能得到无限的延伸。

在富兰克林报社前的书店里,有个男人站在那里犹豫了快一个小时,终于拿起一本书,开口问店员:"这本书卖多少钱?"

"一美元。"店员回答。

"一美元?"这人又问,"能不能更便宜一点?"

"先生,它的定价就是一美元。"店员客气地回答。

这位顾客拿着书又翻了一下,然后问:"富兰克林先生在吗?"

"在,"店员回答,"他正在印刷室忙着。"

"那，我想见见他。"

这个人坚持一定要见富兰克林，最后富兰克林不耐烦地走了出来。

这男人问："富兰克林先生，这本书您能卖的最低价格是多少？"

"一美元二十五分。"富兰克林不假思索地回答。

"一美元二十五分？可是，您的店员刚才还说一美元一本呢！"

"这倒没错，"富兰克林没好气地说，"但是，我情愿贴给你一美元，也不愿意离开我的工作。"

这位一心想杀价的顾客瞪大了眼睛，心想算了，还是快结束这笔买卖，于是清了清喉咙说："好吧，那您说这本书最少要多少钱？"

"一美元五十分了。"

"啥？怎么又变成一美元五十分了？您刚刚不是说一美元二十五分吗？"

"对。"富兰克林冷冷地说，"我现在能出的最低价钱就是一美元五十分。"

这人不敢多话，气恼地把钱放在柜台上，迅速拿着书走了。

其实，富兰克林给这个爱贪小便宜的家伙上了价值不菲的一课："对于认真工作的人，时间就是金钱。"

不要让你的心智和双手闲得发慌，任由时间一点一滴溜走，而要使生命散发最耀眼的光芒。

心灵悄悄话
XIN LING QIAO QIAO HUA

第二篇 从容面对成长难题

　　不要把时间浪费在那些小事上面，也不要以为你只是偷懒了几分钟，也许就在那几分钟之内，你本来可以获得的大好机会就这样错过了。请重视你的时间的价值，仔细衡量得失，你就会发现，原来自己失去的不仅仅是那几分钟。

己所不欲，勿施于人

你对于自己亲自发现的思想，是不是比别人用银盘子盛着交到你手上的那些思想更有信心呢？如果是这样，那么，假如你要把自己的意见硬塞进别人的喉咙里，岂不是太差劲了吗？如果你能提出意见，让别人自己去得出结论，那样不是更聪明吗？

没有人喜欢推销或是被人强迫着做某件事情。我们大多数人都喜欢按照自己的意愿做事，但我们却喜欢别人征求我们的意见。

塞兹的成功在于他认真听取员工们自身的感触，并且没有死板地将自己的观点强加于那些职员们，而是和他们巧妙地进行交换：只要他们遵守公司的法规，他们便会获得自己的利益。塞兹征求他们所需要的就是重视他们的最好方法，这等于给他们吃了定心丸。

所以，**在有些问题上，我们切忌不要把自己的观点强加于别人。如果你这样做了，你会发现做事会轻松容易得多。**

一位 X 光机器推销商准备把他的机器卖给一家大医院。正好那家医院的 X 光科正在扩建，准备建成全美最好的 X 光科室。由此，那家医院 X 光科的主治医师布朗受到 X 光机推销商的包围。这些推销商一见布朗大夫就疯狂地推销自己的 X 光机，还夸它的性能有多么优越。布朗整天都要躲避这些自以为是的推销商的困扰。

在那时，有一位聪明的推销商给布朗先生写了一封真诚的信，这可是与别的推销商不同的一种推销手段。信的内容是这样的：尊敬的布朗医师，我们公司最近新生产了一套 X 光机设备。我刚看到它们，对它们并不十分了解，也许它们并不完善，所以我想能将其改进得完美。我深知您在 X 光机运用方面有很高的资质。我真诚地希望您在工作之余，能抽空看看我们的机器,并提出宝贵意见,最终达到它的最优良的性能,以便更好地为医学事业服务,我会深表感激的。由于您工作繁忙,可能会对您的生活有影响,我们会在任何你需要的时候派专车接送你。再次向您表示感谢。

布朗在向我们叙述完这封信的内容后说:"我收到那封真诚的邀请信后,感到很欣慰,我感到受到了极大的恭维。从来没有哪位推销商会用这种方式来面对我,这让我感到既舒服又满足。之前的那些经销商根本就不会这样虚心请教,他们只会吹嘘自己的产品有多先进。那个星期尽管我每天都很忙,我还是抽了一个晚上的时间去看他们公司的机器。当我认真使用了那部X光机后,我感到那台机器使用起来相当地顺手。于是我便接受了它,并把它们都定购过来。"

"在这中间,并没有什么人刻意说服我购买那款X光机,完全是我认为很实用而自愿购买它的。我觉得为医院购买下这套X光机,完全是我自己的原因。"布朗深切而坚定地说道。

位于长岛的一位汽车推销商利用同样的技巧,也成功地把一辆二手汽车卖给了客户。起初,这位商人推销的并不顺利,他一次次地带着那位客户看了很多辆车子,但是好像没有一辆能使他满意。不是嫌价格过高,就是样式不够新颖,于是,这位推销商来到我的训练班,向我们征求意见。

在听完他的苦恼后,我们给了他一个良好的忠告,劝告他不要再用推销的办法了,而是引导那个人自己主动购买。尽量让他认为那主意是他自己的。也就是说换一种思维,让他人变成主导。

这位推销商听取了我们的建议。当有一位顾客要求将自己的旧车换购一辆新车时,推销商便采用了我们的方法。他很清楚,之前的那位挑剔的顾客很喜欢这款车子,于是便打电话给他,问他能否给这款车子提一点建议。

那位挑剔的顾客很快赶来了。推销商笑了笑,对他说:"朋友,你对这部车子懂得比我要多,你帮我看看它到底值多少,性能方面如何,我会很感激你的。"

那位客户满脸满足地对推销商说:"终于有人能真正懂我了,我可是对这类型的车子研究颇深,我很喜欢它的外形和发动机,让我开着它跑跑,看看是不是优等品!"说完,他就开着车子绕市区跑了一圈。回来后,他真诚地

告诉我说："这部车子各方面都很不错，你能以 300 元买下就算相当划算了。"

我此时心里有了底，并猜透他有意购买，于是问道："如果我能以这个价钱卖了它的话，你是不是愿意买呢？"没等我说完，那位顾客就兴奋地回答："300 元吗？太好了，我当然愿意，就这样成交吧！"

就这样，一笔不错的生意做成了，这都是顾客自愿买下的。所以，尽可能做到让别人觉得办法是他们自己想出来的，所得的结果就会如你所愿。

不管他人做什么，而是让他人自己去做去想，不要老是以自我为中心，把自己的意见强压给他人，给他人一种自重感，他就会主动和你合作。

如果你想使人信服，就应当做到别将自己的意愿强压给他人，尽可能地征求别人的意见。

心灵悄悄话
XIN LING QIAO QIAO HUA

　　生活总是波澜壮阔，起伏不定，从而丰富你的人生；生活总是坎坷崎岖，荆棘遍布，从而磨炼你的意志；生活总是节外生枝，不尽人意，从而提升你生存的本能。振奋精神，勇于面对，敢于拼搏，志在必胜，成功就在不远处向你微笑着招手！

要学会等待

在这些平凡的日子里，我们一定要学会等待。在等待中不断成熟、在等待中丰富自己的经验、在等待中锻炼自己的能力。

只要我们能够忍受等待的痛苦，并且在等待中不断地培养自己的能力，就一定会等到"一鸣惊人"的一刻。

在我们的生活中，有这样一些人，他们为人比较高调，对自己比较有自信，但这些人有一个通病：大事干不了，小事又不愿干。

不管是个人的飞黄腾达，还是一个企业的如日中天，都源于这些平凡的人的不断的积累。公司真正需要的不光是那些有过硬的专业技术的人，还需要那些能够与公司一起成长的人，需要那些能够在平凡中不断成长的人。

那些在平凡的工作中做得很好的人，才可以真正在以后的工作中发挥实力。他们在以后的工作中也就能够以一颗心平常心去对待其他的任何事情。也只有在我们认真地去对待每一件事情的时候，才可能发现人生之路越来越广，成功的机遇也会接踵而来。

在这个世界上，能够成就一番大事业的人毕竟是少数，大多数的人都注定是平凡的，这就需要我们以一颗平常心去对待我们面对的每一天、每一件事。

但是往往有些人对这些小事情不屑一顾。而实际上，小事情也往往蕴涵着巨大的机会，小企业也可以赚大钱；从小的方面着手，也可以成就一番大事业。

美国国务卿鲍威尔就是一个很好的事例。由于他自己不断的努力，重视身边的每一件小事，对每一件小事都赋予百分百的工作激情，他才由一个清洁工成长为国务卿。他当初进公司的时候，只有一件事情他可以做——做清洁。就是这样一份不被大家所看重的工作，他却做得有板有眼，而且在

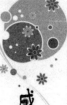

工作中总结经验。他发现有一种拖地板的姿势，可以把地板拖得又快又好，而且工作起来还不是很累。鲍威尔的表现被细心的老板看到了，通过一段时间的观察之后，老板断定他是一个人才，于是破例提升了他。

很多年后，当鲍威尔写自己的回忆录的时候，他还记得自己所积累的第一个人生经验：认真做好每一件事。

积累和成功是有必然的联系的。我们常说自己缺少机遇，但是机遇只属于那些有准备的人。什么是有准备，不是你站在那个地方准备抓住机遇，而是你努力地为机遇的到来创造条件。就好像你把机遇当作自己生命里的一个里程碑，你为了到达那个目标就必须一步步地走过去，任何的投机取巧都是不可取的。正如孙悟空虽然经常去西天，但他还是不能带着唐僧一个跟斗就翻到西天去，很多事情，只有亲力亲为，亲手去做了，才会有成果。任何的等待我们都要相信是会有结果的。不要瞧不起手边的事，正是这些平凡日子的积累才给了老鹰搏击长空的能力，如果不肯飞上身旁的矮墙，总把目光盯在高高的半空中，老鹰也是无法上天的。等待和积累的力量是巨大的。不积跬步，无以至千里；不积小流，无以成江河。涓涓细流，一条条地汇集起来形成了浩瀚的海洋；片片树木，一棵棵地生长起来变成森林。如果我们只是在一个平坦的大道上不停地奔跑，而忘记了随手摘取那些我们应该为了以后的路所需要的东西，那么等我们可以借助工具前行的时候，就会发现自己缺少了很多的元素。

另一种"眼高手低"，如果你去问今天的学生（从专科生直至博士）：工作好不好找，相当一部分学生会说不好找；如果你去问今天的企业经理们，人才是不是很易得，同样也会有相当一部分说找个合适的人才并不易。其中的原因，绝不是用"信息不对称"所能解释的。

我们以前过于强调干一行爱一行，强调奉献，像一颗螺丝钉拧在祖国最需要的地方，结果这样压抑了不少人个性、才能的发挥和人生价值与权利的实现。也许是压抑得太久，反弹得太厉害，如今的人们又走向了另一个极端：过于强调自身的价值，过分索取，却忽视了责任和义务。一些大学生初出茅庐，实际经验和业绩没多少，要价却很高，这就是一个很好的证明。

虽然这方面的例子不具有太大的普遍性，但"眼高手低"却是很多毕业生的共同现状。毕竟是第一次走上社会，有一种"初生牛犊不怕虎"的气势，以为自己本领在手，天下尽在掌握中。不过真正做起事来，若是心浮气躁的人，就难免不知轻重深浅，小事不愿做，大事做不了。如果谦虚好学，过几个月或者一两年也就好了，但很多人往往就是眼界太高，拿不起又放不下，最后悬在空中。

眼尖的你一定看出来了，其实这里的所谓"工作经验"，根本不是什么真正的"工作经验"，而更多的是一种态度，一种被社会现实打磨出来的直面现实的心态。

在这个硕士、博士满街走的时代里，我们这个社会最缺乏的其实不是有才能的人，而是忠诚的品格。

当然，今天所说的忠诚，与以往只知顺从、唯唯诺诺的人身依附式的"愚忠"有着本质的不同。今天的忠诚，其实是一种"不卑不亢地对平等契约的严格遵守"。它包含了"从小事做起"的智慧、勇气和人生态度。

我们需要的是另外一种"眼高手低"，即眼界要高，心怀大志向，却脚踏实地，从小事做起。古人言"一屋不扫，何以扫天下"，又说"于细微处见精神"，现代人说"态度决定一切"，一个小事都不愿做、做不好的人，他能成就多大的事业呢？更何况，许多"大事"不都是由那些琐碎的小事组成的吗？

曾经看过一则故事，大意是：在某国，博士毕业生不容易找工作，因为很多企业不敢"高攀"。一位谦逊的博士，他求职时拿出了专科文凭，结果很快被录用。没多久，由于他干得很出色，老板要提拔他，他亮出了自己的本科文凭；在新岗位上，他又因业绩突出被提拔，这才亮出了硕士文凭。如是者三，最后他才露出了博士的庐山真面目！

讲这个故事，无非是说：该属于你的，想跑也跑不掉；不属于你的，想要也要不来，所以你不妨从零做起。须知，事情是人点点滴滴"干"出来的。

有人选择当"鸡头"，因为那样可以按照自己的意愿去发展，不必受别人限制；也有人选择当"凤尾"，因为那样可以站在巨人的肩膀上发展，更容易取得成功；还有人认为，在竞争激烈的今天，应该淡化"鸡头""凤尾"观念，顺应潮流，从大局出发，以追求利益最大化为首要前提。

其实，不论是当"鸡头"，还是当"凤尾"，都反映了人们就业与成才两种截然不同的观点，同时也体现了就业者所处的两种不同位置。实际上，这只是一种世俗的眼光，对于一名社会工作者来说，树立正确的个人发展观才有利于自己的成长。

正如俗话所说的"三百六十行，行行出状元"一样，每一个行业都有其自身的特点，不同的行业，同样可以培养出不同类型的人才。每一个行业的工作环境或薪酬都不相同，但作为一名成熟的社会工作者应该以一种积极的心态和理性的思维全力投入到所从事的工作中。社会作为一个有机的整体，其分工是多方面的，对工作人员的能力要求也有高低之别，不能以单一的标准来衡量自己所处的环境或状况，更不应将自己所从事的工作用"鸡头"或"凤尾"区分开来。因此，**淡化世俗观念，树立正确的就业与成才观才是我们的共同选择。**

当"凤尾"，虽然自己说的不算，控制不了"凤"的飞行方向，但"大树底下好乘凉"，船大抗风浪，不用担心生存问题，"找食"的压力会小一些，而且当"凤尾"的自豪感会强一些。当然，此时做"凤尾"并不等于永远做"凤尾"。只要有本事、有能力，也会有机会当"凤身"、"凤翅"，甚至"凤头"。做"凤头"与做"鸡头"是不可同日而语的。

但是，具体到某个人是当"鸡头"还是当"凤尾"，则要具体情况具体分析，不能一概而论。如果这只"鸡"找食能力很强，有向"天鹅"甚至"凤"发展的势头，自己又获得了很好的回报，那就应该当"鸡头"；如果这只"鸡"气息奄奄，苟延残喘，连活命都成问题，那还不如去当"凤尾"，毕竟生存才是第一位的。

"宁做鸡头不做凤尾"，这是大多数中国人的择业原则。其实在职场上，每个人都应该先做"凤尾"，再做"鸡头"。

先做"凤尾"就是去那些成功的大企业里面锻炼学习，吸取他们的经营管理之精华，了解他们内部运作之模式。可以说，在大企业里工作，即使是做个最普通的职员，那也是站在巨人的肩膀上，起点高，看得远，能学到更多成熟且前卫的管理理念。等到把企业的经营管理研习得差不多了，"凤尾"就应该及时把握住机会转做"鸡头"，去做些自己喜欢做的事情，按照自己的想法去发展自己的事业。这个时候因为有以前"凤尾"的经验，更容易取得成功。如果一个人没有做"凤尾"的经验而直接做"鸡头"，那失败的可能性就会大得多。

有个年轻人，大学毕业后进入一家大型公司工作。没几年，就担任市场

部经理一职,薪水丰厚,前途光明,可以说是春风得意,年少得志。但有一天公司高层出于战略调整的考虑,把市场部撤销了,经理也在一夜之间降为一个普通的业务员,跟大家一样,拿的都是底薪加提成,如此一来,他对工作也没了以往的热情。一天傍晚,他下班正想离开时,被总经理叫住了。总经理开车把他带到郊外的山脚下,两人开始爬山,等爬上山顶上时太阳已经看不见了,只留下一抹余晖。他正在心里琢磨总经理今天怎么会这么有兴致时,总经理突然指着远处的一座高山问道:"你看那座山跟这座山哪个更高大些?"他不假思索回答道:"当然是那座山了,全市第一高峰嘛!"总经理缓缓地点了点头:"那么如何才能到达那座山的山顶上呢?"他怔了一怔,过了半晌才说:"先下这座山,再上那座山。"总经理回过头来笑道:"看来你还很明白这个道理的嘛!有时候人往低处走也不完全是坏事。"停了一停总经理又道:"你一定很希望我把你直接放在销售经理的职位上吧?销售和市场,其实也是两座山,除非你是天才,能直接跳过去;如果不是,那还是一步一步走过去比较实际。并且,我希望你不要把眼光仅仅局限在这两座山上。**记住,远处还有许多更高的山在等着你去征服。**"年轻人的内心被震撼了,扪心自问,他觉得自己在做销售方面,确实欠缺许多东西,例如经验和知识,这都有待积累。他暗暗打定主意,从明天开始要重新找回自我。

心灵悄悄话
XIN LING QIAO QIAO HUA

不懂放弃,等于固执;不能坚持,等于放弃目标。最聪明的做法是:不该坚持的,必须放弃!该坚持的,必定坚持到底!通往成功的路上,处处埋伏着失败;但只要你顽强地走下去,希望的一天终将到来。曲折是人生的清醒剂,在曲折的道路上获得教益,是你一帆风顺时难以得到的。

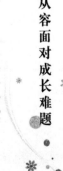

第三篇　成长之路,感谢你的敌人

一位哲人说:感谢你的敌人。感激伤害你的人,因为他磨练了你的心智;感激欺骗你的人,因为他增进了你的智慧;感激中伤你的人,因为他砥砺了你的人格;感激鞭打你的人,因为他激发了你的斗志;感激遗弃你的人,因为他教导了你的独立;感激绊倒你的人,因为他强化了你的双腿;感激斥责你的人,因为他提醒了你的缺点。

在现实生活中,没有必要憎恨你的敌人,若深入思考一下,你也许会发现,真正促使你成功让你坚持到底的,真正激励你昂首阔步的,不是顺境和优裕,不是朋友和亲人,而是那些常常可以置人于死地的打击、挫折,甚至是死神。

突破自我，激励成长

很多人习惯上把事情定在一个界线之内，一旦不能突破，就会退缩到安全的界线内，并告诉自己："算了吧！我的能力就只有这些。"殊不知那条界线，其实正划分着胜利与失败。

有一位推销员，年营业额从四万美元一下子爬升到十余万美元，很多人羡慕之余纷纷向他请教。

他笑着回答说，那是因为他学到了一件事，才使得业绩成倍数增长，那件事就是学会如何训练跳蚤。

你知道如何训练跳蚤吗？

在训练跳蚤时，要先把它们放到广口瓶中，用透明盖子盖上。

起初跳蚤会跳起来撞到盖子，而且是一再地撞着。但是，慢慢地，你会注意到一件有趣的事，跳蚤会继续跳着，但是久了之后，便不再跳到足以撞到盖子的高度。

然后，你拿掉盖子，虽然跳蚤继续在跳，但绝对不会跳出广口瓶之外。原因很简单，它们已经把自己的跳跃能力调节到瓶盖的高度之下。

人也一样。**不少人准备做一件伟大的事情，打破某个纪录或做出一项破天荒的创举。**刚开始时，他们的梦想与野心十分远大，但是在生活的道路上，并不是时时刻刻都能随心所欲，一定会有碰壁的机会。一旦碰壁了，心情难免沮丧、低落，亲友或同事们的消极批评，更容易使自己受到影响，于是，他开始认为自己所定的目标超过了自己的能力。于是，最后便认为自己能力不足，净为自己找失败的借口，就像跳蚤主动降低自己的跳跃能力一样，想成功自然是不可能的了。

但是，前述那位成功的推销员，非但没有受到消极的影响，反而要求摆脱失败者的借口。于是，他给自己设定一个目标，每当遇上瓶颈时，就激励

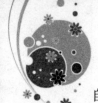

自己："我一定要打破纪录，成为世界上最优秀的推销员。"

他要求自己每天都要卖出三百五十美元的商品，这种决心使得他的生意在一年之内增加了三倍。不仅如此，他还应用了这些"目标达成"和"跳蚤训练"原理，一举成为美国著名的演说家和销售训练员之一。

许多人一旦碰到了困难，总是轻易放过自己，逃得远远的，不仅让一切从头开始，还自定了前进规则：进一步退三步。于是，只见生命的瓶口越来越狭窄，甚至看不见出口。

你可以为自己设定一个目标，并有计划地为自己的能力加码，不要再替自己找借口；只要能够坚持目标，用心突破瓶颈，人生的出口一定会无限宽广。

每个人都需要一个伟大的梦想。

"人生有梦，让梦成真"，这是大家耳熟能详的一句话，然而，如何让它不再只是个口号，全得看追梦人如何去圆梦！

有一则勇于追求梦想的真实故事，发生在旧金山贫民区一个叫辛普森的小男孩身上。辛普森因为营养不良又患有软骨症，六岁的时候，双腿便严重萎缩成弓形。

但残缺的身体，却从未让他放弃心中的梦想，他的愿望是有一天能成为美式足球的明星球员。从小，他就是美式足球传奇人物吉姆·布朗的忠实球迷，只要吉姆所属的克里夫兰布朗斯队来到旧金山比赛，辛普森一定会跛着步子，辛苦地走到球场，为心目中的偶像加油。

由于家境贫穷，买不起门票，辛普森总是等到比赛快结束时，从工作人员打开的大门溜进去，欣赏最后几分钟比赛。

有一次，布朗斯队和旧金山四九人队比赛结束后，在一家冰激淋店里，他终于有机会和心目中的偶像吉姆·布朗面对面接触，而那也正是他多年来最兴奋、最期待的一刻。他大方地走到这位球星的前面，大声说："布朗先生，我是您忠实的球迷！"

吉姆·布朗和气地向他说了声谢谢，辛普森接着又说："布朗先生，我想跟您说一件事……"吉姆·布朗转过头来问："小朋友，请问是什么事呢？"

辛普森一副骄傲的神态说："我清清楚楚地记着您所创下的每一项纪录和每一次的攻防哦！"吉姆·布朗开心地回应着笑容，拍拍他的头说："孩子，真不简单。"

　　这时，辛普森却挺起胸膛，眼睛闪烁着炽烈的光芒，充满自信地说："不过，布朗先生，有一天我要打破您所创下的每一项纪录！"

　　听完小男孩的话，这位体育大明星微笑地说："哇，好大的口气，孩子，你叫什么名字？"小男孩得意地说："奥伦索，我的名字叫奥伦索·辛普森。"

　　小辛普森怀着伟大的梦想，后来他不仅打破了吉姆·布朗所写下的所有纪录，更刷新了许多新的纪录。

　　从小开始，我们就做着不同的梦，每一个梦想都代表着我们对未来的期盼，其中蕴藏着无限的生命活力。因为有梦想，我们的生活充满了动力。因为有梦想，我们才会在生活中希望无限。

　　要坚持决心，踏实筑梦，你的梦想才有落实的一天。只有像小辛普森一样，坚定自己的梦想，立定目标前进，你才能有机会看见属于自己的精彩人生。

心灵悄悄话
XIN LING QIAO QIAO HUA

　　天行健，君子以自强不息。

　　不要怕路途遥远，只要你坚持，终点就在前方；不要怕高山耸峙，只要有毅力，峰顶就能踩在脚下；不要怕困难重重，只要你努力，光明就将出现。

第三篇　成长之路，感谢你的敌人

成长路上不要贪心

德国哲学家黑格尔说:"一个善于限制自己的人,才有指望成功。"

这是因为人的欲求太过旺盛,要限制自己的某些愿望,才能让注意力集中到最主要的愿望上。别太贪心,所谓鼯鼠技穷就是这么回事,你越是贪心,什么都想要,每一种都要了一些,但没有一样是专精的,最后当然技穷!

所以,**想要获得成功,一定要选定一个你真正想完成的目标努力去实现,千万别太贪心**,不然你肯定要一事无成。

意大利著名男高音帕瓦罗蒂小时候,父亲(虽然是面包师,对音乐却非常有兴趣)就教导他学习歌唱,鼓励他要刻苦练习,培养自己的实力。

后来,他拜一位名叫阿利戈的专业歌手为师。当他即将从音乐学院毕业的时候,他问父亲:"爸爸,毕业之后,我是要当音乐老师,还是成为一个歌唱家呢?"

他的父亲这样回答:"孩子,如果你想同时坐在两把椅子上,是绝对不可能的事,你肯定会从这两把椅子上摔下来。记住,别想贪心地同时坐在两把椅子上,生活中你只能选定一把椅子坐。"

帕瓦罗蒂最后选择了当歌唱家,他经过长达七年的煎熬,终于有了第一次登台演出的机会,再奋斗七年之后,终于进入了大都会歌剧院。

许多人问他成功的秘诀,他回答说:"方法很简单,不管我们的选择是什么,关键只有一个,那就是选定一把椅子就好。"自己脑海中计划好的诸多事情,你完成过哪一项?是不是连最重要的事都没做好?走过了一段不长也不短的人生路,生命是否仍然空白?

别太贪心,选定一张椅子坐就好,不然你永远只能在不断地跌倒中后悔。

记住,千万不要陷入眼前的杂乱事务而不能自拔!

别让哀神继续跟着自己走，人的一生本来就充满选择，如何面对发生在自己眼前的事情也是一种选择，你可以微笑地面对，也可以哭闹赖皮。

什么才是面对事情的最好方法？并没有标准答案，因为你的选择决定你的人生，别人无法替你做选择，只能说哪一种方法能让你觉得自己在享受生活，那就算是不错的决定了。

约翰是某大饭店的经理，肩负着别人难以想象的沉重压力，但是，他的脸上却无时无刻不挂着愉快的微笑，只要一看见他，每个人的心情都会跟着好起来。

只要有人问他近况如何，他一定回答："非常好，天天都很开心。"

当他看到同事心情不好，他会加以安慰，还会教导他们如何调理自己的心情。

他常常告诉同事说："我每天醒来的第一件事是对自己说：约翰，今天你有两个选择，一是开心，一是不开心。你认为我应该选择什么？自然是开心了！"

当有不幸的事情发生时，我们可以选择自怨自艾，接受同情和协助，但也可以选择坚强去面对，并从中学习、成长。因为这是我们的人生，我们有权选择。

有一天深夜，约翰下班返家之时，被三个持枪的歹徒拦路抢劫，他中了一枪，倒在血泊中。他很幸运，被人发现及时送进医院急救。

病情稳定之后，朋友来探望他，他还开着玩笑说："我的心情好得很，想不想看看我的伤疤？"朋友问他事发时他心里想了些什么。约翰说："当我躺在地上的时候，我告诉自己，我有两个选择，不是生就是死，我当然要选择活下去。医护人员在我的身边安慰着我，鼓励着我，虽然我知道自己的伤势并不乐观，但我知道我一定能够撑过去，只要我愿意。"

在急救过程中，当护士大声问他有没有对什么东西过敏时，他马上答："有！"

这时，所有的医生、护士都停了下来让他说下去，他吸了一大口气，接着大吼说："子弹！"所有人都笑了。接着他又说："我不是将死之人，请把我当个活人医就对了。"

于是，约翰就这样活下来了，而且活得更加精彩。**生命本来就充满选**

择,我们的生活态度将决定我们的生活内容。

我们可以选择不开心,放着重要的事不管,四处发牢骚,但是静下心来想一想,抱怨之后我们得到了什么? 更多的同情,还是更多的帮忙?

是一无所获吧! 甚至很多人根本一点也不理睬你。

所谓的把自己哭哀就是这么回事,总是觉得自己的生活灰暗的人,怎么会有明亮的人生?

别再皱眉头了! 如果我们不想让哀神再跟着自己走,你就得先照亮自己,改变自己的生活态度,随时问自己:"什么才是我最想要的?"

只要选定了你希望的生活目标,调亮你的生活态度,生命的选择权就在你手上,而且你会发现,原来世界正跟着你的希望在转动。

心灵悄悄话
XIN LING QIAO QIAO HUA

　　沉默并不是简单地、一味地不说话,而是一种成竹在胸、沉着冷静的态度。神态上,表现出势在必得的信心,从而逼迫对方沉不住气,先亮底牌。如果你神态沮丧,像霜打的茄子一般,无精打采,将必输无疑。学会沉默吧。沉默是一种智慧,博大而深邃,拥有这种智慧的人更容易取得成功;沉默也是一种力量,它使人充实,而充实的生命才会永远年轻。

不当一个埋没才华的傻蛋

再等下去，你就要变成化石了，今日事今日毕，听起来很熟悉，很老掉牙吧！是啊，这不正是父母、老师和长辈耳提面命的一句话吗？问题是，包括说这句话的人在内，谁真的严格要求自己彻底遵行了？

其实，**生活就是这样，许多我们听得很耳烦的话，总是东一句西一句地被灌入耳朵里，但是当自己遇上问题的时候，这些烦人的小格言，就显得格外有理**，事实不正是这样吗？

一位青年画家把自己的作品拿给美国大画家柯罗观看，请他指导一二，柯罗细心地指正了一些要他改进的地方。

青年画家感激地说："谢谢，明天我会把它全部修改过。"

柯罗惊讶地问："明天？为什么要等到明天？您想明天才改吗？要是您今晚就死了呢？"

你或许会觉得柯罗太乌鸦嘴了。其实一点也不。

人生的许多悔恨都是源自我们相信自己会拥有许许多多的明天，得过且过地将今天蒙混过去。

许多人都像这位青年画家，老是对自己说："好，从明天开始，我一定要……"

为什么非要等到明天才开始呢？

丘吉尔告诫我们："要努力，请从今日开始。"

每个人都知道时间珍贵，然而总是不知道珍惜，轻易地让时间从自己手上溜走。

因为**我们都习惯拖延，即使是重要的事情也要等着明天才开始做，甚至等着明天之后的明天，在缺乏决心和定力的情况下，把时间都浪费掉了。**

别再拿休息是为了走更远的路当借口，因为喜欢说这种话的人，通常一

休息就忘了要再赶路。如果你是那种告诉自己"今天好好休息,明天再认真出发"的人,那么,你将不止错过今天,而且也会错过明天。你究竟要等多少个明天才肯出发?

歌德说:"不要在夕阳西下的时候幻想什么,而是要在朝阳初升的时候立刻投入。"

不要把事情放在下一个时间,而要把生命的分分秒秒都抓在手里;已经决定了的事情就不必等到明天才动手,应该一鼓作气地前进,那种积极的力量和创造奇迹的可能性,将会是你想象不到的。

想要成功就必须持续行动,很多人之所以会在人生旅途一再失败,是因为他们只想轻松收割,却从来不愿辛勤播种和耕耘。

其实,凡事脚踏实地去做,不耽于空想,不惊于虚声,以实事求是的态度,认真踏实去做,才可能获得宝贵的成功。

只要你尽了力,你希望的事情都会实现。

一天,一个衣衫褴褛、满身补丁的小男孩走过一所大楼的工地,看见一个衣着华丽、叼着烟斗的大老板在现场指挥工人,便鼓起勇气向他请教:"我要怎么做,长大后才会跟你一样有钱?"

这老板甚感意外,低头打量了小家伙一眼,给他讲了一件小故事:

在一个开凿沟渠的工地里,有三个工人在工作。一个挂着铲子说,他将来一定要做老板;第二个则抱怨工作时间长,报酬低;第三个什么话也没说,只是低头努力挖。

好几年以后,第一个仍挂着铲子,嚷着自己以后要当老板;第二个则找了借口退休;至于第三个,他不仅成了那家公司的大老板,而且还让公司更上一层楼。

这位老板说完之后问小男孩:"你明白故事的寓意吗? 小伙子,好好埋头苦干吧!"

但是小男孩却仍然满脸困惑。大老板看了看四周,指着那些正在架子上工作的工人,对男孩说:"你看到那些人吗? 他们全都是我的工人,但是我无法记住他们每个人的名字,甚至有些人根本都没印象。但是,你仔细看他们之中,只有那边那个晒得红红的家伙,就是穿着一件红色衣服的那个,他以后会出人头地。"

大老板接着说，自己很早就注意到他，因为他总是比别人卖力，做得更为起劲。每天他都比其他人早上班，工作时比别人拼命，而下班后，他都是最后一个走，加上他穿的那件红衬衫，使得他在这群工人中间特别突出。大老板笑着说："我现在就要过去找他，请他当我的监工，我相信，从今天开始他会更加卖力，说不定很快就会成为我的副手。"

成功只能在行动中产生。想出人头地，除了设定目标努力工作之外，没有任何其他捷径，更没有替代道路。

只要你确定付出了心力，也扎扎实实地尽了全力，不必想太多，所有你想要你希望的事，都会自自然然地实现。

心灵悄悄话
XIN LING QIAO QIAO HUA

雄鹰只有经过暴风雨的洗礼，身手才能更加矫健，成为搏击长空的英雄；大树经过日晒雨淋，才会茁壮成长。"玉不琢，不成器"，磨炼是每个人在人生道路上必须经历的。脑筋越磨炼越灵活，四肢越磨炼越发达，意志越磨炼越坚毅。

第三篇　成长之路，感谢你的敌人

别让别人决定你的一生

激励大师安东尼·罗宾在演讲时,经常告诉台下的听众说:"其实,我们可以为自己做选择,勇敢地为自己做决定,不要让别人承担你的成败,更不要让任何人决定你的一生。"

你是否曾经因为别人替你作了决定,而唠唠叨叨埋怨过对方?

也许你错怪了他,因为,今天的结果全部是你的决定,是你自己决定让别人为你做决定的。安东尼·罗宾讲过这样的一段经历和感受:

有一次搭乘飞机时,安东尼·罗宾的旁边坐了一个非常喜欢抱怨的人,他调侃地说,如果奥林匹克有抱怨这项竞赛的话,他身旁的这个人一定能够拿到一面奖牌。

当空中小姐前来询问乘客晚餐要吃鸡肉还是牛肉时,安东尼·罗宾要了鸡肉,而他旁边的旅客则表示随便。

不久,空姐端来了安东尼·罗宾的鸡肉,并给了他旁边的人一份牛肉。

接下来的二十分钟,安东尼·罗宾只听到他不断地抱怨他的牛肉有多难吃,但是安东尼·罗宾指出,他却忘了,这顿难吃的晚餐其实是他自己决定的。

这位旅客一定在心里认为,这是空姐帮他挑选的晚餐,但实际上,却是他自己把选择权交给了别人。

不知道你有没有这样的经验:**自己决定不了的事,请别人做决定之后,你却又后悔听从了别人提供的意见,或是抱怨别人为你下的决定。**

想一想,现在你选择的科系或工作是由你自己决定的吗? 如果是,那你一定过得很开心,若不是,相信你一定抱怨很久了吧?

如果你是由别人帮你作的选择,那么就算生活再不愉快,你都必须勇于承受,因为这一切都是你自己选择的。

如果不想抱怨，凡事就要由自己决定，让生活的主控权回归自己手中，不要依赖别人，也不要一味别人怎么说，你就怎么做，让自己决定自己的人生吧！

如此一来，生活中，你将不会再听见抱怨和后悔！

最后的叮咛用愉快的心情突破每一个困境，歌德曾经写道："如果一个人不过高地估量自己，他就会比较能承受折磨和挫折。"

其实，对于某些人来说，挫折会让他们自暴自弃；但对另一些人而言，折磨是老天送给他的礼物。

一个人倘若没有经历过惨痛的失败教训，那么他只不过是汪洋大海中一条不起眼的小鱼；唯有经历过失败的人，日后才可能成为大海中呼风唤雨的吞舟之鱼。

美国运动健将、世界十项全能纪录的创造者拉尔夫·约翰逊，曾在各项国际比赛中获得了不少金牌和掌声，但他却经常说："胜利，并不一定就等于成功。"

他曾经对媒体记者说，在每次比赛时，他所得到的最大满足，并不是打败对手时的胜利感觉，而是当自己面临对手的强力挑战时，饱受煎熬后能靠自己的实力击败对手的欣喜。

确实如此，当我们遭遇失败时，不要把它当成命运的摆弄，而应该思考如何在挫败中重新振奋起来。

人生真正的冠军，是对自己的失败能够积极反应的人；许多曾失败过的成功者，之所以能东山再起，就是因为他能积极地面对失败。

一个经常胜利的人，其实未必就是个真正的成功者。失败的折磨是迈向成功高峰的梯子，如果没有这个梯子，所有的胜利都只是虚浮的。通用电器公司的创始人汤姆斯·沃特里生说："通往成功道路的捷径，就是把你的失败次数增加一倍。"

当我们遭遇失败的时候，要告诉自己不气馁、不失望、不丧志，如此才能在失败的泥沼中走出一条新道路，获得真正的成功。

生活中所有美好的事物，都是经由不断修正达到完美的，想要成功，首先当然要设法克服失败。

只要你能把每次失败带来的教训，认真评析并掌握问题所在，那么，每

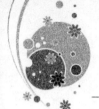

一次失败都会是一次成长,你的人生不仅处处都充满机会,而且不管遭到任何困难都能豁达以对。

有了这种积极的生活态度,你就会充满活力,就会以愉悦的心情突破每一个难关。

布雷兹里特曾经说过:"如果没有严冬,春天就不会那样舒心宜人。"的确,我们若非有时尝到痛苦,遭到折磨,就不会有苦尽甘来的甜蜜感觉,因此,当我们功成名就时,最需要感谢的,就是曾经折磨过你的人。

心灵悄悄话
XIN LING QIAO QIAO HUA

唯有经历磨炼的人生才能过得充实,唯有经历磨炼的青春,才会更加光彩照人。愿意成为神像,还是成为路石,决定权完全在于我们自己。忠诚是春天的花朵,让人看到希望;忠诚是秋天的果实,让人享受收获。忠诚是高山上挺拔的青松,让人意志坚定;忠诚是大地上萌芽的种子,让人憧憬未来。

成长中要拿得起，放得下

俗话"拿得起，放得下"，颇有点辩证味儿，对于我们做人来说也是极富于启迪意义的。所谓"拿得起"指的是人在踌躇满志时的心态，而"放得下"则是指人在遭受挫折或者遇到困难或者办事不顺畅以及无奈之时应采取的态度。

一个人来到世间，总会遇到顺逆之境、进退之间的各种情形与变故的。歌德说得好："一个人不能永远做一个英雄，但一个人能够永远做一个人。"这里，"做一个英雄"，指的便是"拿得起"时的状态；而"做一个人"，便是"放得下"时的状态了。

说到底，如何对待这"莫将戏做得下"，才是真正衡量一个人是否有英雄气概或者胜者风范的重要标尺。范仲淹说"不以物喜，不以己悲"，有了这样一种心境，就能对大悲大喜、厚名重利看得很小很轻很淡，自然也就容易"放得下"了。"莫将戏事扰真情，且可随缘道我赢"，王安石的这两句诗，将"戏事"与"真情"区得十分分明。按照我们的理解，所谓"戏事"，就是指那些能拿得起、也该放得下的事；能做到如此随和且随缘地看待人生旅途中的一切利害得失与祸福变故，一个人岂有不会"道我赢"之理？

纵观一个人的人生道路，大都呈波浪起伏、凹凸不平之状，难怪乎古人要说"变故在斯须，百年谁能持"了。但是，当一个人集荣耀富贵于一身时，他是否想到会有高处不胜寒的危机、有长江后浪逐前浪的窘迫呢？好吧，那就**不要过分贪恋巅峰时的荣耀和风光，趁着巅峰将过未过之时，从容地撤离高地**，或许下得山来还有另一番风光呢！

有一个叫秦裕的奥运会柔道金牌得主，在连续获得 203 场胜利之后却突然宣布退役，而那时他才 28 岁，因此引起很多人的猜测，以为他出了什么问题。其实不然，秦裕是明智的，因为他感觉到自己运动的巅峰状态已是明日

黄花而以往那种求胜的意志也迅速落潮,这才主动宣布撤退,去当了教练。应该说,秦裕的选择虽然若有所失,甚至有些无奈,然而,从长远来看,却也是一种如释重负、坦然平和的选择,比起那种硬充好汉者来说,他是英雄,因为他毕竟是消失于人生最高处的亮点上,给世人留下的毕竟是一个微笑。老话说得好:"最大的一步是在门外。"可见,这种撤退的后面并非一片空白,也常不乏新的人生机遇。有"体操王子"美誉的李宁,退出体坛后选择了办实业的道路,不也取得了令人称美的成功吗?如同一切时髦的东西都会过时一样,一切的荣耀或巅峰状态也都会被抛到身后或烟消云散的。因此,做一个明智的人,既然"拿得起"那颇有分量的光环,也同样应当"放得下"它,从而使自己步入柳暗花明的新天地,作出另一种有意义的选择。这样,我们又有什么惆怅或遗憾的呢?

人生长途中,总会遇到某些不得已的情况而不得不"放得下"的时候。比如,一个人到了年迈体衰时,就有突然遭遇"被剥夺"辉煌的可能,这当然也是考验人如何对待"拿"和"放"的时候。美国第一位总统、开国元勋华盛顿连任一届总统后便坚持不再连任。他离任时,坦然地出席告别宴会,坦然地向人们举杯祝福。次日,他又坦然地参加了新任总统亚当斯的宣誓就职仪式。然后,他挥动着礼帽,坦然地回到了家乡维农山庄。这一瞬间,却给历史留下了永恒的光彩。

英国著名科学家赫肯黎,因其卓越的贡献而享有崇高的声望,然而,到了80岁时,赫氏不得不考虑放弃解剖工作时,他毅然辞去了所任的教授、渔业部视察官等职务。最后,他还辞去了一生中最高的荣誉职务——英国皇家学会会长。不难设想,此时赫肯黎的心情何其沉重、心绪多么难平,他甚至在发表了辞职演说后对友人这样说:"我刚刚宣读了我去世的官方讣告。"

尽管如此,他毕竟如此"放下"了,在没人强迫的情况下如此"放下"了。一个职务,一种头衔,自然意味着一个人在社会上所取得的成就和地位,它的意义是不言而喻的。然而,华盛顿和赫肯黎都有"拿"上了自身地位最高的辉煌,可他们又都主动"放"下去了。一位名人说得好:"重要的并非是你拥有了什么,而在于你忍受了什么。"以坦然和克制的态度去承受离任或离职之"放",人,便活出了一份潇洒与光彩,活出一种落落大方的风范来。

俗话说,天有不测风云。因此,一个人有可能遭遇到这样一些情形:人生——无论功绩或是职务——并未达到最佳状态和最高峰，却因为意外地遭受到某种打击，迫使人去直面"放得下"的窘迫。这时候，最重要的也许是尽快学会如何"爬起来"。**有句老话说得好，"跌下去不疼，爬起来才疼"，这就是痛定思痛的一种表现了。**

反思固然必要，可是，如若长久地斤斤计较于"痛"上面，那就反而作茧自缚，手足无措了。美国南北战争时期，南军的主将罗伯特在投降仪式上签字以后，心情十分沉重。他默默地回到弗吉尼亚，避开了所有的公共集会及所有爱戴他的人们。后来，他又默默地接受了政府的邀请，出任华盛顿学院院长一职。不耽于沮丧与懊悔，一切复兴家园的"战役"始终在默默地进行之中。

应该说，罗伯特是明智的，他懂得："将军的使命不单单在于把年轻人送上战场卖命，更重要的是教会他们如何去实现人生价值。"看来，罗氏是真正弄懂了如何在"放得下"中实现自己价值的人，这情形恰如爱因斯坦所说的那样："一个人真正的价值，首先在于他在多大程度上和什么意义上从自我中解放出来。"像罗伯特那样跌倒之后又爬起、"拿起"之后又"放下"，这里面的大勇气和大坦诚何其令人钦佩啊！还记得那年的大兴安岭大火吧？它把当时任漠河县委书记、十三大代表的王招英也推向了由"拿得起"朝"放得下"的转变之中：撤职、调离、取消十三大代表资格……大起大落的人生考验向她涌来。

正是靠了这"放得下"的从容，她终于挺过来，方才有了重建家园中的重新崛起——被选拔担任大兴安岭首府加格达奇市某区区委书记的。这里，在起起伏伏上上下下的人生道路之中，我们不正看到了在云谲波诡的另一种情况下，"拿得起、放得下"的韧性的光辉吗？

当你手中抓住一件东西不放时，你只能拥有这件东西，如果你肯放手，你就有机会选择别的。

人的心若死执自己的观念，不肯放下，那么他的智慧也只能达到某种程度而已。

大家相处在一起，要了解每人个性不相同、想法不一样，能力、知识也不同，但是各有所长、也有所短；所以要彼此尊重、和睦相处。要经常反省自己，开阔心量，发自真诚地帮助别人、包容别人。

最重要的是，不只恶的言行不说、不做，心里也不要起杂念。减少杂念是最要紧的事！

人世沧桑，一辈子难免要遇到一些坎坷的事，也难免要遇到一些与自己不友好的人，乃至于要和损害过自己的人共事相处。

对待这类人和事，人们大多有两种态度，一是仇恨在心，满腹怨恨，伺机报复。

我们应把所际遇到的一切坎坷，一切不利于自己的人和事，都应得到宽容，宽容能使世界平和，宽容能使人类安详。人生最大的幸福就是放得下。

一个人在处世中，拿得起是一种勇气，放得下是一种肚量。

对于人生道路上的鲜花、鼓掌，有处世经验的人大都能等闲视之，屡经风雨的人更有自知之明；对于坎坷与泥泞，能以平常心视之，殊非容易。

大的挫折与大的灾难，能不为之所动，能坦然承受之，这就是一种肚量。

禅宗以大肚能容天下之事为乐事，这便是一种极高的境界。

心灵悄悄话
XIN LING QIAO QIAO HUA

　　宽容是一种快乐。把心胸敞开，就无所谓烦恼，快乐也就逼人而来。知足常乐。你看花儿在对你笑，绿叶在对你招手，还有拂面的风、温馨的清香围绕着你，这些，都是你拥有的。和谐的同学关系、温馨的家庭，还有，安定的生活，你没有理由不快乐。把目光放在你得到的，而不是得不到的上面，你就会从心底里感到快乐。

不要让忧虑占据你的思想

在图书馆、实验室从事研究工作的人，很少因忧虑而精神崩溃，因为他们没有时间去享受这种"奢侈"。

我永远也忘不了几年前的那一夜。我班上的一个学生马利安·道格拉斯告诉我们，他家里遭到不幸的悲剧，并且是两次。第一次他失去了他的五岁的女儿，一个非常可爱的孩子。他和他的妻子，都认为他们没有办法忍受这个打击。可是，祸不单行，"十个月以后，上帝又赐给我们另外一个小女儿——而她只活了五天也死了。"

这接二连三的打击，使人几乎无法承受。"我承受不了，"这个做父亲的告诉我们说，"我睡不着，吃不下，也无法休息或是放松。我的精神受到了致命的打击，信心尽失。"最后他去看了医生。一位医生建议他吃安眠药，另外一位则建议他去旅行。他两个方法都试过了，可还是没有一个方法能够对他有所帮助。他说："我的身体好像被夹在一把大钳子中，而这把钳子愈夹愈紧，愈夹愈紧。"那种悲哀给他的压力——如果你曾经因悲哀而感觉麻木的话，你就知道他在说些什么了。

"不过感谢上帝，我还有一个孩子——一个四岁大的儿子，他使我们得到了解决问题的办法。有一天下午，我呆坐在那里沉浸在悲哀中的时候，他问我：'爸爸，你肯不肯为我制造一条船?'我实在没有兴致去造那条船。事实上，我根本就没有兴致做任何事情。可是我的儿子是个很会缠人的小家伙，我不得不顺了从他的意思。

"造那条玩具船大约花了我三个钟头。等到船弄好之后，我发现用来造船的那三个小时，是我这几个月来第一次有机会放松我的心情。

"这个大发现使我从昏睡中惊醒过来。它使我想了许多——这是我几个月来第一次的思想。我发现，如果你忙着去做一些需要计划和思想的事

情的话,就不会再去忧虑了。对我来说,造那条船就把我的悲哀一扫而光,于是我决定让自己不断地忙碌。

"第二天晚上,我巡视家里的每个房间,把所有该做的事情列出一张单子。有好些地方需要修理,比方说书架、楼梯、窗帘、门钮、门锁、漏水的龙头等等。在两个礼拜以内,我列出了242件需要做的事情。

"在过去的两年里,那些事大部分已经完成了。另外,我也使我的生活里充满了启发性的活动:每个礼拜,有两天晚上我到纽约市参加成人教育班,并参加了一些小镇上的活动。我现在是校董会的主席,参加许多的会议,并协助红十字会和其他的机构募捐。我现在简直忙得不可开交,因而没有时间去忧虑。"

没时间去忧虑,这正是丘吉尔在战事紧张到每天要工作十八个小时的时候所说的。当别人问他是否为那么重的责任而忧虑时,他说:"我太忙了,我没有时间去忧虑。"

查尔斯·柯特林在发明汽车的自动点火器时,也碰到这样的情形。柯特林先生一直是通用公司的副总裁,负责世界闻名的通用汽车研究公司,最近才退休。可是,当年他却穷到要用谷仓里堆稻草的地方做实验室。家里的开销,都须靠他太太教钢琴所赚来的一千五百美金。

后来,他不得不用他的人寿保险抵押借了五百美金。我问过他太太,在那段时期她是否很忧虑?"是的,"她回答说,"我担心得睡不着,可是柯特林先生一点也不担心。他整天埋首于工作中,没有时间去忧虑了。"

伟大的科学家巴斯特曾经谈到"在图书馆和实验室中所找到的平静"。平静为什么会在那儿找到呢?因为在图书馆和实验室的人,通常都埋首于工作中,不会为他们自己担忧。做研究工作的人很少有精神崩溃的现象,因为他们没时间来享受这种"奢侈"。

为什么"让自己忙着"这么一件简单的事情,就能够把忧虑赶出去呢?有这么一个定理——这是心理学上所发现的最基本的一条定理。这条定理就是:**不论一个人多么聪明,人类的思想,都不可能在同一时刻想一件以上的事情。**让我们来做一个实验:假定你现在靠坐在椅子上,闭起双眼,试着在同一个时刻去想:自由女神;你明天早上打算做什么事情。

你很快地发现你只能轮流地想其中的一件事,而不能同时想两件事情,对不对？在你的情感上来说，也是这样。我们不可能既激动、热诚地想去做一些令人很兴奋的事情，同时又因为忧虑而拖累下来。一种感觉就会把另一种感觉赶出去，就是这么简单的发现，使得军方的心理治疗专家们，能够在战时创造出这一类的奇迹。

当有些人因为在战场上的经历受到打击而退下来时，他们都被称为"心理上的精神衰弱症"。军方的医生，都以"让他们忙着"为治疗的方法。

除了睡觉的时间以外，每一分钟都让这些在精神上受到打击的人充满了活力；比方钓鱼、打猎、打球、打高尔夫球、拍照片、种花，以及跳舞等等，根本不让他们有时间去回想那些可怕的经历。

"职业性的治疗"，是近代心理医生所用的名词，也就是拿工作来当治病的药。这并不是新的办法，在耶稣诞生五百年以前，古希腊的医生就已经使用过了。

在富兰克林那个时代，费城教友会教徒也用这种办法。1774 年有一个人去参观教友会的疗养院，看见那些精神病人正忙着纺纱织布，令他大为震惊。他认为，那些可怜的不幸的人，在被压榨劳力——后来教友会的人才向他解释说，他们发现那些病人只有在工作的时候病情才能够真正的有所好转，因为工作能安定神经。

每一个心理治疗医生都能告诉我：**工作——让你忙着——是精神病最好的治疗剂**。著名诗人亨利·朗费罗在他年轻的妻子去世以后，发现了这个道理。有一天，他太太点了一支蜡烛，来熔一些信封的火漆，结果烛火引燃了衣服。朗费罗听见她的叫喊声时，虽拼命地扑救，可她还是因为烧伤而死去。有一段时间，朗费罗无法忘掉那次可怕的经历，几乎发疯。幸好他那三个幼小的孩子需要他照料。虽然他很悲伤，但还是要父兼母职。他带他们出去散步，给他们讲故事，同时与他们一起玩游戏，还把他们父子间的亲情永存在"孩子们的时间"一诗里。同时他也翻译了但丁的《神曲》。这些工作加起来，使他忙得完全忘记了自己，也重新得到思想的平静。就像班尼生在最好的朋友亚瑟·哈兰死的时候曾经说过的那样，"我一定要让自己沉浸在工作里，否则我将会沉浸在苦恼中。"

对绝大多数人来说，在做日常的工作忙得团团转的时候，"沉浸在工作里"大概不会有什么问题。可是在下班以后——就在我们能够自由自在享

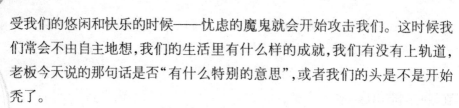

受我们的悠闲和快乐的时候——忧虑的魔鬼就会开始攻击我们。这时候我们常会不由自主地想，我们的生活里有什么样的成就，我们有没有上轨道，老板今天说的那句话是否"有什么特别的意思"，或者我们的头是不是开始秃了。

不忙的时候，我们的脑筋常常会变成真空。每一个稍懂物理常识的人都知道"自然中没有真空的状态"。打破一个电灯泡空气就会进去，充满了理论上说来是空的那一块空间。

你的脑筋空出来，也会有东西补充进去，这些东西通常都是你的感觉。因为忧虑、恐惧、憎恨、嫉妒和羡慕等等情绪，都是由我们的思想所控制的，这种种情绪都非常猛烈，会把我们思想中的所有平静的、快乐的情绪都赶出去。

詹姆士·穆歇尔是哥伦比亚师范学院的教育学教授。他在这方面说得非常清楚："你最容易受忧虑伤害的时候，是在一天的工作做完了以后。那时候，你的想象力会混乱起来，你会想起各种荒诞不经的可能，把每一个小错误都加以夸大。在这种时候，"他继续说道，"你的思想就像一部没有载货的车子，横冲直撞，摧毁一切，甚至使自己也变成碎片。消除忧虑的最好办法，就是让你不停地忙碌，去做一些有用的事情。"

这个道理并不深奥，要懂得它并付诸实行并不困难。战时，我碰到一个住在芝加哥的家庭主妇，她告诉我她发现"消除忧虑的最好办法，就是让自己忙着，去做一些有用的事情"。

当时我正在从纽约回密苏里农庄的路上，在餐车碰到这位太太和她的先生。

这对夫妇告诉我，他们的儿子在珍珠港事变的第二天加入陆军。那个女人当时很担忧她的独子，这几乎使她的健康受损。他在什么地方？他是否安全呢？还是正在打仗？他会不会受伤？死亡？

我问她，后来她是怎样克服忧虑的。她回答说："我让自己忙碌起来。"她告诉我，最初她把女佣辞退了，希望能靠自己做家务来让自己忙着，可是这没多大用处。"问题是，"她说，"我做起家务来几乎是机械化的，完全不要用思想；所以当我铺床和洗碟子的时候，还是一直在担忧。我发现，我需要一份新的工作才能使我在一天的每一个小时，身心两方面都能感到忙碌，于是我到一家大百货公司里去当售货员。

"这下好了，"她说，"我马上就发现自己好像掉进了一个大漩涡里：顾客挤在我的四周，问我关于价钱、尺码、颜色等等的问题。没有一秒钟能让我想到除了手边工作以外的事情。

到了晚上，我也只能想，怎样才可以让我酸痛的双脚舒服一点。吃完晚饭以后，我倒在床上，马上就睡着了，既没有时间也没有体力再去忧虑。"

她所发现的这一点，正如约翰·考伯尔·波斯在他那本《忘记不快的艺术》里所说的：**"一种舒适的安全感，一种内在的安静，一种因快乐而反应迟钝的感觉，都能使人类在专心工作时精神镇静。"**

而能做到这一点是多有福气。世界最有名的女冒险家奥莎·强生最近告诉我，她如何从忧伤中解脱出来。也许你读过她的自传《与冒险结缘》。如果真有哪个女人能跟冒险结缘的话，也就只有她了。马丁·强生在她十六岁那一年，把她从堪萨斯州查那提镇的街上一把抱起，到婆罗州的原始森林里才把她放下。他娶了她。二十五年来，这对来自堪萨斯州的夫妇踏遍了全世界，拍摄在亚洲和非洲逐渐绝迹的野生动物的影片。九年前他们回到美国，到处做演讲，放映他们那些有名的电影。在丹佛城搭飞机飞往西岸时，他们乘坐的飞机撞了山，马丁·强生当场死亡，医生们都说奥莎永远不能再下床了。可是他们对奥莎·强生并不了解，三个月以后，她就坐着一架轮椅，在一大群人的面前发表演说。在那段时间里，她发表过一百多次演讲，都是坐着轮椅去的。当我问她为什么这样做时，她回答说："我之所以这样做，是为了让我没有时间去悲伤和忧虑。"

奥莎·强生发现了上一世纪的但尼生在诗句里所说的同一个真理："我必须让自己沉浸在工作当中，否则我就会挣扎在绝望中。"

海军上将拜德也发现了这一点，他在覆盖着冰雪的南极小茅屋里单独居住了五个月——在那冰天雪地里，藏有大自然最古老的奥秘——在冰雪覆盖下，是一片无人知晓的。比美国和欧洲加起来还要大的大陆。在拜德上将独自度过的五个月里，方圆一百英里内没有任何一种生物存在。天气奇冷，当风吹过他耳边的时候，他能听见他的呼吸冻住，冻得像水晶一般。

在他那本名叫《孤寂》的书里，拜德上将叙述了在既难过又可怕的黑暗里所经过的那五个月的生活。他一定得不停地忙碌才能不至于发疯。

"在夜晚，"他说，"当我把灯吹熄以前，我养成了分配第二天工作的习惯。就是说，为我自己安排下一步该怎么做。比方说，一个钟点去检查逃生用的隧道，半个钟点去挖横坑，一个钟点去弄清那些装燃料的容器，一个钟点在藏飞行物的隧道的墙上挖出放书的地方，再花两个钟点去修拖人的雪橇……"

"能把时间分开来，"他说，"是一件非常有益的事情，使我有一种可以主宰自我的感觉……"他又说，"要不是这样做的话，那日子就过得没有目的。而没目的的话，这些日子就会像往常一样，最后弄得分崩离析。"

如果我们为什么事情担心的话，让我们记住！我们可以把工作当作很好的古老治疗法。

以前在哈佛大学医学院当教授的、已故的李察·柯波特博士说："我很高兴能看到工作可以治愈很多病人。他们所感染的，是由于过分地疑惧、迟疑、踌躇和恐惧等等所带来的病症。工作所带给我们的勇气，就像爱默生永不消失的自信一样。"

要是我们不能一直忙着——如果我们闲得坐在那里发愁——我们会产生一大堆达尔文称之为"胡思乱想"的东西，而这些"胡思乱想"就会像传说中的妖精，会掏空我们的思想，摧毁我们的意志力和行动能力。

我认识纽约的一个生意人，他用忙碌来赶走那些"胡思乱想"，使他没时间去烦恼和发愁。他的名字叫屈伯尔·郎曼，也是我成人教育班的学生。他征服忧虑的经过非常的有趣，也非常特殊，所以下课之后我请他和我一起去宵夜。我们在一家餐馆里一直坐到了半夜，谈着他的那些经历。下面就是他告诉我的故事："十八年前，我由于过度忧虑而得了失眠症。当时我脾气暴躁，而且非常地紧张不安，几乎要精神崩溃了。

"我这样发愁是有原因的。我当时是纽约市西百老汇大街皇冠水果制品公司的财务经理。我们投资了五十万美金，把草莓包装在一加仑装的罐子里。二十年来，我们一直把这种一加仑的罐装草莓卖给制造冰激淋的厂商们。后来我们的销售量突然大跌，因为那些大的冰激淋制造厂商，像国家奶品公司等等，产量急剧增加，而为了节省开支和时间，他们都买三十六加仑一桶的桶装草莓。

"我们不仅没法卖出价值五十万美金的草莓，而且根据合约规定，在接下去的一年当中，我们还要再买价值一百万美金的草莓。我们已经向银行借了三十五万美金，既还不起钱，也无法再续借这笔借款，我不得不为此而担忧。

"我赶到加州华生维里我们的工厂里，想让我们的总经理相信情况已发生改变，我们可能要面临毁灭的命运。他不肯相信，把这些问题的全部责任都归罪到纽约的公司身上——那些可怜的业务人员。

"在经过几天的要求以后，我终于说服他不再这样包装草莓，而把新的供应品放在旧金山的新鲜草莓市场上卖。这样做差不多可以解决我们大部分困难，照理说我应该不再忧虑了，可是我还是做不到这一点。忧虑是一种习惯，而我已经染上这种习惯了。

"我回到纽约以后，开始为每一件事情担忧，在意大利买的樱桃，在夏威夷买的凤梨等等，我非常地紧张不安，睡不着觉，就像我刚刚说过的，简直就要精神崩溃了。"

萧伯纳把这些总结起来说：**"让人愁苦的原因就是，有空闲来想想自己到底快不快乐。"**

所以不必去想它，摩拳擦掌地让自己忙起来，你的血液就会加速循环，你的思想就会开始变得敏锐——让自己一直忙着，这是世界上最便宜也是最有效的一种药。

要改掉你忧虑的习惯，下面是第六条规则："让自己一刻不停地忙着，忧虑的人一定要让自己沉浸在工作里，否则只有在绝望中挣扎。"

心灵悄悄话
XIN LING QIAO QIAO HUA

愚蠢的行动，能使人陷于贫困；投合时机的行动，却能令人致富。机会对于不能利用它的人又有什么用呢？正如风只对于能利用它的人才是动力。

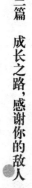

第三篇 成长之路，感谢你的敌人

保持一种平衡的心态

你认为你是社会的中坚？到墓地仔细瞧瞧那墓碑，他们生前也与你一样认为全世界的事都得扛在肩上，如今他们已长眠在黄土中，然而整个地球的活动还是永恒不断地进行着。

很多人——尤其是现代人，总是满怀焦虑与怨怼，以致浪费了宝贵的精力，更使得日常生活变得紧张异常，同时自觉度日如年。

其实，**如果想拥有深具意义的人生，就应该停止焦虑与怨怼，保持稳定和平的心境，**然而如何才能达到这种静如止水的生活态度呢？

首先你必须降低走路的速度。近年来由于科学发明、交通工具也日益发达，人们的生活水平就愈来愈高，我们在不知不觉中过着超速的日子。很多人因此而损害了自己的身心健康，整个心灵也被日益繁重的工作及生活撕碎！

就一般白领阶级来说，整日坐在办公室内，活动量又不大，但是心灵却在分分秒秒高速地运转着，有些人甚至拖着疲惫的身体过着急速运转的生活；在这种情况下，一旦发生弹性疲乏，势必造成精神上的崩溃。

为了避免造成这种不良结果，现代人亟须适量地调低生活速度。我们要知道人体并非机器，如果日夜忙碌，不让身心有休闲的片刻，不仅心智极容易产生不平衡的状态，感情也容易失调，甚至一蹶不振。所以事情无论大小，从个人私事以至于国家和社会的大事，如果在处理的过程中行动过于焦虑，便足以影响人身心的平衡。

现代可说是个充满苦痛的时代，尤其是都市里的噪音及紧张更是令人难以忍受，如今这种疾病甚至已扩散到乡村。有一个夏天的下午，我与妻子到森林游玩，我们来到了优美的墨享客湖山上小房子中休息，这里位于海拔二千五百米的山腰上，是美国最美的自然公园。

在公园的中央还有一宝石般的翠湖舒展于森林之中。墨享客原就是"天空中的翠湖"之意,在几万年前地层大变动的时候,造成了高耸断崖。

我的眼光穿过森林及雄壮的崖岬,轻移到丘陵之间的山石,刹那间光耀彪炳千古不移的大峡谷,猛然地照亮了我的心灵,这些美丽的森林与沟溪就成为滚滚红尘的避难所。

那天下午,夏日混合着骤雨与阳光,乍晴乍雨,我们全身淋透了,衣服贴着身体,心里开始有些不愉快,但是我们仍彼此交谈着。慢慢地,整个心灵被雨水洗净,冰凉的雨水轻吻着脸颊,瞬时引起从未有过的新鲜快感,而亮丽的阳光也逐渐晒干了我们的衣服,话语飞舞于树与树之间,谈着谈着,静默来到了我们之间。

我们用心倾听着四方的宁静。当然,森林绝对不是安静的,在那里有千千万万的生物在活动着,而大自然张开慈爱的双手孕育生命,但是它的运作声却是如此的和谐平静,永远听不到刺耳的喧嚣。

在这个美丽的下午,大自然用慈母般的双手熨平了我们心灵上的焦虑、紧张,一切都归于和平。

当我们正陶醉于优美的大自然的乐章中时,一阵急速的乐曲突然刺激着耳膜,那是令人神经绷紧的爵士乐曲。伴随着音乐,有三个年轻人从树丛中钻出,原来是其中一位年轻男孩提着一架收音机。

这些都市中长大的年轻人不经意地用噪声污染了森林,真是大煞风景!不过他们都是善良的年轻人,并在我们身旁围坐着,快乐地交谈。

我们本想劝他们关掉那些垃圾音乐,静静聆听大自然的乐曲,但是一想我们并没有规劝他们的权利,最后还是任由他们,直到他们离去,消失在森林中为止。

试想,大自然的音乐多美!风儿轻唱着、小鸟甜美地鸣啼……这种从盘古开天以来最古老的音乐绝非人类用吉他与狂吼能制造出来的旋律,而他们竟然舍本逐末、白白浪费了大好的自然资源,委实令人惋惜。

为缓和四处蔓延的紧张气氛,首先务必降低生活步调,使心情恢复平静,不再焦虑暴烈,保持稳定与和谐。

曾经有位医生在替一位卓越的实业家进行诊疗时,劝他要多多休息。这位病人愤怒地抗议说:"我每天承担着巨大的工作量,没有一个人可以分

担一丁点的业务。大夫,您知道吗?

我每天都得提一个沉重的手提包回家,里面装的是满满的文件呀!"

"为什么晚上还要批阅那么多文件呢?"医生诧异地问道。

"那些都是必须处理的急件。"病人不耐烦地回答。

"难道没人可以帮你的忙吗? 助手呢?"医生问。

"不行呀! 只有我才能正确地批示呀! 而且我还必须尽快处理完,要不然公司该怎么办呢?"

"这样吧! 现在我开一个处方给你,你是否能照着做呢?"医生有所决定地说道。

这病人听完医生的话,读一读处方的规定——每天散步两小时;每星期空出半天的时间到墓地去一趟。

病人怪异地问道:"为什么要在墓地待上半天呢?"

"因为……"医生不慌不忙地回答:"我是希望你四处走一走,瞧一瞧那些与世长辞的人的墓碑。你仔细考虑一下,他们生前也与你一般,认为全世界的事都必须扛在双肩,如今他们全都永眠于黄土下了,也许将来有一天你也会加入他们的行列,然而整个地球的活动还是永恒不断地进行着,而其他世人则仍是如你一般继续工作。我建议你站在墓碑前好好地想一想这些摆在眼前的事实。"医生这番苦口婆心地劝谏终于敲醒了病人的心灵,他依照医生的指示,缓慢了生活的步调,并且转移一部分职责。他知道生命的真义不在于急躁或焦虑,他的心已经得到和平,也可以说他比以前活得更好,当然事业也蒸蒸日上。

有一位大学船赛冠军队队长对我说:"我们的教练常提醒队员说'我想赢,就得慢慢地划桨。'也就是说,划桨的速度太快的话,会破坏船行的节拍;一旦搅乱节拍,要再度恢复正确的速度就相当困难了。**欲速则不达,这是千古不变的法则。**"

所以无论是工作或者划船,都必须以正确而从容的步伐前进,这样心中及灵魂才能够获得和平的力量,以稳定和谐的智慧指导神经及肌肉从事工作,如此一来,胜利也终将属于你。

那么我们究竟应如何实践这个理论呢? 那就是每天必须持之以恒地实行维持健康的步骤,无论是洗澡、刷牙、运动,都要以和平的心态完成。另一方面,不妨拨一些空闲的时间从事洗净心灵的活动,譬如静坐,这是相当好的洁净心智的方法,一有时间就安坐一旁,舒放你的心灵,让你的眼睛自由自在地飞翔四方,想想曾经欣赏过的高山峻岭、夕雾的峡谷、鲤鱼跳跃的河流、月光倒映的水面……咀嚼复咀嚼,你的心就会舒坦地沉醉其中。

每二十四小时就做一次冥想,尤其是在繁忙的时刻,停下手边的工作,平静地遐想十分钟,让全身的神经及肌肉松弛下来,你的心就会得到平静。人总是有搅乱步伐的时候。当心里充满焦虑紧张、不知所措时,最好的办法就是停止一切活动,适时地放松自己吧!

如果你每天能持之以恒地实行上述疗法,一定能镇定烦乱的情绪。但假如仅以思考的方式则无法控制欲暴裂的心头,必须运用外在具体的行动才能够达到目的。

什么是科学的实践方法呢?首先,不可用力地踩踏地板,不要大声地说话,更要避免握紧拳头或拍手,须知人往往会因身体上过度用力或兴奋而燃起不安的情绪。

一旦达到沸腾时就极易疯狂,所以心情飞跃之时,就应停止身体的动作,静坐下来,降低音调,自然而然火一样的心头就会逐渐稳定。因为肉体活跃的动作会很敏感的反应到大脑,影响正常的思考运作,因此必须先镇定肉体的一切活动,人的心就会相对的冷静下来。换句话说,外在具体的行动会引导心态的方向。

有一次我参加一个讨论会,会议进行到中途竟变成了一场火爆的激辩,与会人员的情绪高涨不安,每一个人的表情都是急躁而焦虑,彼此以锐利的言辞相对抗。突然之间,有位男士站起来,悠然地脱掉上衣,打开领带,并随势躺在了椅子上。有人不解地问他是否觉得身体不适?"不,"他回答说,"我想我的身体状况很好,不过我开始冒火了,只有躺下来才能消消气。"

说完满室哄堂大笑,一时之间,原先紧张的气氛缓和下来了。这一位淘气的先生说:"我只不过是开了个小玩笑,让大家解解火气。"事后他对我表示,他以前是个易怒暴戾的人,一旦脾气上来就会握紧双拳狂声怒吼,所以一面临这种场面时,他就试着伸直手指,压低高亢的声调,这样一来,满腔怒火就会熄灭了。最后他微笑着说:"温柔和谐的声音是讨论制胜的最佳利器,对不?!"

假如感情如平波静水一般,那么焦灼的火气就可以消失,这样不但节省了精力,还可预防疲倦,进而使你的动作迟缓有序,成为一个有涵养气质的人。

当然,我并不是鼓励去除敏锐的感受性,只是告诉大家保持自己行动舒缓有序,心灵的活动才能更加灵活敏锐,身体也必会健康协调。

心灵悄悄话
XIN LING QIAO QIAO HUA

没有谁能做得尽善尽美,但是,一个主动承认错误的人,一个敢于承担责任的,至少是勇敢的。一个人承担的责任越大,证明他的价值就越大。所以,你应该为你所承担的一切感到自豪。因为你不仅向自己证明了自己存在的价值,你还向周围的人证明你能行,你很出色。尊重是催人奋进的力量,尊重他人、维护他人的尊严,将会取得意想不到的效果。

第四篇　成长要有上进心

事情开始时,不要想象着结局。因为有了这种预判,会左右我们的思想和行为,最后导致所有的付出如桃花落水。那些本来可以牵手的人,可以成就的事,终究铸成了许多遗憾,化作零星的记忆。既然开始了,就别驻足;当它结束时,莫去愧悔。只要走过、看过、经历过,成败只是人生的一种附属。成长必然充斥了生命的创痛,我们还可以肩并肩寻找幸福就已足够。

人生就是一列开往坟墓的列车,路途上会有很多站,很难有人可以至始至终陪着走完,当陪你的人要下车时,即使不舍,也该心存感激,然后挥手道别。

鼓起勇气去冒险

我们面对一切时，总是谨慎小心，总是自欺欺人地希望周身都是安全的。或许你经常说："我是个教师。""我是个律师。"好像除了教师、律师，你就什么都不是了，好像除了自己的职业，你总是很难做好其他事情，简直是再无他长了。于是，人们因此而安于现状，不再像外界的事物挑战。

你总是盼望着生活不经你的任何运作就能起变化，你总是找各种各样的借口：等我长大点再说吧，等我有钱了再说吧，等我有时间了再说吧，如此等等。**要知道，对未来的虚空幻想会让生活变得毫无意义。**如果你一直就这样做着白日梦，那你就等着吧，等着生活把你彻底抛弃。

一味地留恋往日快乐的生活，对未来没有任何好处。如果你一直把"想当年"这句话挂在嘴边，那么你这一辈子也就没什么大出息了。狄更斯的笔下就出现过类似的这么一个悲剧人物——哈维珊姆夫人。在新婚的当天，她就被新郎抛弃了，以后的日子里，她就天天坐在那间装饰得富丽堂皇的新房里，她拒绝面对现实，她总是让自己相信新郎只是有事出去了，他会回来的。于是她在这间小房间里最终垂垂老去。还有一则古老的笑话，说的是一个英雄在森林里碰到了强盗，强盗让英雄扔下钱袋，这个谨慎的英雄说："要钱没有，要命有一条，钱是我要留着养老的。"

习惯的力量是巨大的，即使过去的习惯让人们感到孤独、厌倦和难受，可是许多人却一直依从着过去的生活方式。要知道，习惯很容易成为掩盖真相的庇护所。

有许多女子接二连三地嫁给了好几个酒鬼，而她们却仍然坚持相信自己的眼光。而还有的人，他为了发财致富，一周连续工作100个小时，他不想像他父亲那样辛苦劳作而从不享受，也不想让这样贫穷的命运降临到他自己头上，然而对他来说，至死还在工作的生活又一次发生了。还有一些人，一辈子小心谨慎地活着，不敢去得罪任何人，似乎只想建立起安全的生活，他们一辈子默默无闻，从没有觉得成就了什么。他们这种死气沉沉的生活，毫无生机。男人是不能仅靠安全生活的。

生活中难免会有风险，每一次上街走路，都会有风险，车祸、自然灾害、突发病症……任何一个意想不到的坏消息，都有可能突然降临到你的身上。用生命冒险对于我们来说太难了，有时候我们上一轮下了很多的赌注结果却输了，于是我们在下一轮开始的时候再不敢下任何赌注。当我们离开了熟悉的环境和安全的极限时，完全不同的行为方式会让我们感到紧张。我们会对新机遇的出现产生怀疑，恐惧就像老鼠一样突然窜出来，让我们措手不及。任何新的事物都会引起恐慌，而用生命去冒险则是赌注越大、风险越大，受益也就更高。但不管你选择了哪一种生活方式，时钟依旧在滴答作响，岁月依旧在流逝，任何力量都无法阻挡住时间的河流淌过生命，但是不用怀疑的是，去森林中探险一个月比坐在办公室里一个月会让你更富有激情。变化的多样性、时间的延续性、与不同的人在不同的地方做不同的事情，我们经历的一天就像是过了一年一样的丰富多彩，而持续一年365天坐在同样的位置和同样的人做同样的事，一年也就等于过了一天。

与情绪低落相比，情绪高昂持续的时间更长更充实。时间是灵活而多变的，对它的感受通常是根据我们的年龄以及如何使用它而定。人有时候需要一点儿紧张和压力，它会让我们实现优胜劣汰的进化，使我们在食物链的竞争中谋求生存。没有压力则会让我们失去平衡。有些人试图保证自己绝对的安全，他们抵抗每一个可能的危害，他们不想受到伤害，不想受到惊吓，甚至不想经受孤独。他们常常躲进旧的习惯当中，麻木不仁，而一旦外在的压力来了，他们就用忧虑和恐惧来填平。也许有些人会说："我就喜欢这种生活方式，我不要冒险。"但是，渴望激情的你也可以选择什么样的风险是有益的，什么样的言论会助"我"一臂之力。生理上的压力是有助于身体健康的，比如运动。而有些人则决定让勇气在内心深处涌动，他们会选择隐居。**我们是活在社会上的，每个人都有工作，我们要寻找最适合自己的压力和冒险。**

不要指望逃避冒险，长期的屈服只能导致平庸，你要尝试新鲜的事物，因为只有冒险的人才会有所作为。当然凡事都要适度，冒险不是疯狂，我们要进行充足的学习和准备，只有这样的冒险，才有可能使你的所作所为达到最大的价值，比如，你学开车的时候，就不应该挑选交通繁忙的路段，起码你也应该找一个突然刹车时不至于撞车的地方。

在风险和收益这两者之间要找到平衡点，要尝试着去冒险。有时我们会去选择安全，有时我们会觉得冒险也未尝不可。既然新事物都伴随着一定的压力，那你就应正确地评估你所付出的努力。不管你如何努力，总会有人在你前面，但是只要你感受到了激情和活力，你的付出就获得了价值。

也许会有那么一个机会，让你实现了以前想都不敢想的梦想，那份甘甜充满了你的心田。许多人都期待着能将自己的生活带到一个高超的境界。其实，这种升华的感觉，只需要一份机缘，它有可能来自散步，或者是和情人的亲密私语，也可能来自烹饪。

这就是突破自我，完善自我。

在某些时刻，我们不可避免地需要面对困境。我们可以闭上眼睛，对一切视而不见，也可以选择冲破这个困境，至少我们可以认为我们所做的不是垂死挣扎，而是为了挽回大局。这样最好的学习方法就是"抛弃自我"。

不妨给自己一段时间，忘记自己是谁，忘记自己会些什么不会些什么，那么你将会比以前任何时候学到更多更美妙的东西。当然，只有鼓起勇气才能够抛弃自我。还有一种可能是，你无论如何也无法完全忘记自己。要是这样的话，那就不妨去试一试放开自己。我们身上充满了创造力和想象力，而一旦我们抛开了教育所带给我们的条条框框，奇迹就将发生。

比如，要是你想踢球，那么你不仅要有充足的体力，还要学习许多技巧。但是，每一个球员都有他们各自的特色，运动也同样需要有创造性，只有你自己才知道怎么去组织那些基本技巧。如果你把各个技巧分开来看，那是毫无用处的，任何事情都像一个机器人。

你想要什么样的生活？你有多大的勇气？这些都要靠你自己来选择。

"身体远比头脑反应得快"。学习新的事物时，总是要先让自己的行动停一停，好让思维也跟上来。你不能对大脑说"别想了"，否则吃苦头的最后只能是你自己。像日本武士那样，他们射箭不是瞄准靶心，或是使用更好的瞄准器，而是找感觉。如果感觉良好，就算是在黑屋子里，他们蒙着眼睛也能够射中牛的眼睛。这不是因为牛的眼睛成了射击的目标，而是因为牛的

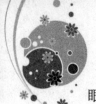

眼睛已经成为武士感知的一部分。

学习新东西的时候，就首先找找感觉吧，然后再加上一点儿风险，让自己全心全意地投入到你所做的事情中去。

当然，单单有勇气还是不够的，如果不勤加练习，天赋再好的人最终也只能成为一个平庸的人。首先，你必须放开手脚去做，其次，回顾一下以前你所做过的，衡量衡量结果。

在这个狂躁的社会里，人们更热衷于追求名利、财富以及荣耀，甚至是一闪而过得幸福。但是，如果你只想要结果，却无法享受过程，那么你在追求的过程中一定放不开手脚。忘掉输赢吧，而只需要你放手去做，努力去尝试。要知道，只有输赢的游戏会把我们带进死胡同。如果我们选择"尝试就是成功"，那就会有一个好的结果。如果我们既能精通技术又能游刃有余，那就会给内心带来安稳和平静。

让勇气重见天日吧，我们的生活需要冒险。不要期待有人来帮你解决种种问题，也不要指望会有一个公式能让一切都变得简单。鼓起勇气面对生活，在挑战中激流勇进，大胆地度过生命中的每一刻。

心灵悄悄话
XIN LING QIAO QIAO HUA

一个人要想取得成功必须先学会驾驭情绪这匹烈马。记住：无论周围发生了什么事情，都要保持乐观的精神，做一个踢猫终结者。不久，也许你会发现自己变成了一个心境平和、令人喜爱的人。感谢绊脚石，是它磨炼了你的耐力；感谢绊脚石，是它强化了你的能力；感谢绊脚石，是它开发了你的潜能；感谢绊脚石，是它增长了你的智慧。

努力做事

千里之行始于足下，谁的路谁能替谁去走？所以，一切的努力要靠自己。不劳而获是疯子的臆想，光说不做是骗子的伎俩。

人无远虑必有近忧。倘若日子只是做一天和尚撞一天钟地"混"，人生岂不是白白荒废？人的潜力靠自身的挖掘，人的奋进更是靠自身的醒悟。改变从一点一滴做起，付出才能靠近目标，何况付出还未必会得到？如果一切只停留于想象，生活永远不会有起色。

毋庸置疑，人生最大的敌人就是自己。不要轻易承诺，因为没有分量的承诺只能让别人更加低看了自己。除却懒惰，除却小聪明、踏实才是唯一获取成功的道理。

一个不擅于经营自己的人必是一个一事无成的人，一个不擅于规划的人生必是一个失败的人生，常常地自省才能自新。如果你甘愿做井底之蛙，那么就连眼下的幸福也很快就要溜掉了。

不是生活平淡如水，是你的热情不够；不是人生平淡无奇，是你的努力不够；不是自己老了，是你的思想有问题。压力是自己给的，当你遇事不知所措，当你生病掏不出钱……问问自己，曾经都为了生活做了什么，铺垫了什么、积累了什么。

在第一次世界大战期间，诺曼上校做事的方式让我很惊叹，刚开始的时候我并不理解，直到在美国听到他和他的儿子们告别时的谈话，我才明白了他这么做的原因。

诺曼说："孩子们，你们要挑战自己，这将会给予你们力量！"

看到儿子们眼睛里放射出来的迷人光彩，诺曼于是既严肃而又兴奋地接着说："孩子们，你们注定是战士，你们不会因为自己内心的怯懦而去逃避责任，逃离人生的战场是可耻的，你们有做好任何事情的能力，我深知这一点,你们可以相信我,也更要相信自己。只要你们自己有勇气,任何地方都会有你们的道路。如果你们一时间找不到路,如果那些道路十分拥挤,而且恐惧、失望、无助、躁动,又会时时围绕着你们,那时候你们该怎么办?是退却还是迎上去,作为你们的父亲,我想对你们说,必要的退却是有益的,不要任何时候都不顾危险地迎上去,要知道,战斗是你们实现成功的唯一方式,接近成功时仍然要不顾一切地往前冲,已经胜利的也要再接再厉,记住父亲的一句话,要敢于向任何事物挑战,也勇于接受任何应战。"

成功的人必然会有勇气,而勇敢者也必须是一个既敢想又敢做的人。曾经有一个年轻人在铁路上做养路工,他工作态度严谨、认真,因此获得了去运输办公室工作一段时间的机会,在那段日子里,高级主管向这个年轻人索要一些数据,这个年轻人尽管没有任何工作经验,但他连续工作了三天三夜,终于交给了那位主管一份完美的材料。是勇气使他愿意去处理那些他从来没有处理过的事情,通过学习与研究,他在工作上所表现出来的兢兢业业的作风和他取得的不凡的成绩,为他承担越来越大的责任奠定了深厚的基础,现在他已经成为公司的副总裁了。

然而另一次,我看到了一位极富创造力的乡村少年,他自认为缺乏知识,因而没有自信心,也没有社交能力,但恰恰是他,后来成了一个杰出的成功者,这是因为他具有勇气和耐力。

这些人全部都是真实的,我了解他们,他们发现了自己所拥有的才干,并充分地运用了它,在这一点上他们超过了旁人。

战争和危机通常会带来新的机遇,为什么不在你的潜能下放一颗炸弹呢?为什么不迫使一个危机出现呢?如果没有刺激出现,并使人行动起来,那么人们就不会知道他们自己有多大的力量了。

现在就去发现你所蕴藏的能力,然后向自己挑战,去发挥这些能力。请从你的内心开始吧。

当你看到一个雄心勃勃的人努力追求某个目标,而对于他来说,他在这方面既没有经验也毫无天分时,这就是一个悲剧,但更大的悲剧莫过于从来就没有发现自己身上的那些才能,或者说从来就不知道如何驾驭自己,进而发挥出超极限的潜能。在一个人成为伟人前,他的内心必然会有很大的转变,会有一些刺激把他内心沉睡的巨人唤醒,而这些沉睡的巨人又是什么呢？首先是身体素质方面的潜能，也许你把大部分醒着的时间都拿来读无聊小说、喝咖啡了，而如果当你开始进行体育锻炼，或者丰富你的精神世界时，周围一些智者的思想也就会深深地影响你，那么你就已经成为一个巨人了。

同样的道理也适用于那个乡村少年，他是从未见过世面的人，但同时也是一个肩负世界责任的男子汉，农场的生活使他有了一个强健的体魄，而当机遇来临的时候，他紧紧地抓住了它。他开拓自己的思维能力，提高自己的社交能力，一直到他获得了他自己的价值。

思维能力、社交能力、信仰力量也是我们体内沉睡的巨人，如果这些方面没有得到全面的发展，那么我们的生活是不会完美的。而其中一个方面的发展又会刺激其他三个方面的发展。在接下来的文字中，历史上的伟人会不断地告诉我们这样一个道理：进步是生活中这四个方面不断完善的一个完整过程。耶稣就是这样的一个人，他集智慧、才干、技能于一身，于是得到了上帝和人民的爱，而维尔·格伦费尔先生说：人们应该通过玩耍、工作、爱和信仰来从生活中获得一切。

以前保守的日子将会一去不复返，那就从现在开始把烦恼抛开，轻松上路。也许你已经为自己安排了成功的道路，那就把目光盯向你的能力而不是你的弱点，每天你所要思考的就是一些美好的计划和怎样实现它们的方法，而不是那些让人压抑的东西。

心灵悄悄话

XIN LING QIAO QIAO HUA

第四篇 成长要有上进心

人人骨子里都有劣根性，比如自私，比如懒惰、比如欺骗……关键是你能否意识到这些并随时改正。人没有贫富差距也没有高低贵贱之分，生命对于谁都只有一次，机会对于谁也都是平等的，所以，因着个体努力的差异才会有不同的人生。

成长需要不断面对挑战

每个人的一生都有着百年不等的生命,从童年到花甲,每一个阶段便是一程故事。在这其中,我们也许只有着十几年的幸福时光,那便是童年。待到我们长大时,作为一个拥有着正常心态的人,可能每个人都会有理想。于是,我们便开始打拼与追逐,于是就这样,我们从此踏上了一条不归路,等到某一天蓦然回首的瞬间,却是泪眼蒙胧。

每个人的人生都离不开追求,有追求的人生才有意义,有追求的人生才会变得精彩,有追求就是有梦想,有梦想的人永远是年轻的,他的心灵永远不会变得枯燥,有梦想的人就是最值得骄傲的人。

敢于追求,不惧任何挑战,才是勇敢的人生。试想一下,世界上每天有多少人为了梦想,为了生活,甚至是为了别人在不停地奔跑。假若你此刻心中装有梦想,却碍于现实不敢去尝试与挑战,那是一件多么遗憾的事,如果你畏惧了,那么你只是不敢面对自己,如果你退缩了,也只是为了更有力的出力,但如果你放弃了,你不是输了别人,而是最先输给了自己。

在实际行动的过程中,挑战现在就有的生活很困难的,大多数人仍然照他们原有的生活方式活下去,因为平稳的生活让他们感到很安心。而一小部分人借助自身的潜力打破了现状,把生活提高到了一个更高的境界。

是什么点燃了他们心中的火焰,使他们步入了强者的行列呢?如果是习惯以及决心,难道你就不能养成王者的习惯,而不是天天徒劳地抱怨吗?要知道,你必须付出百分之百的努力。

在加勒比海航行的那些日子里,我常常会想起老巴拿马的故事。两边的海岸隔着一个太平洋遥遥相望。一位名叫托特的工程师来到这个浓密的树林中,历经5年,建成了贯穿海峡两岸的巴拿马海峡。

在那5年当中,托特被黄热病击倒了,他每天都徘徊在生死线上,最后连医生都放弃了希望，但托特却说："您错了，医生，还没有到结束呢！我是不会被黄热病打倒的，我一定会好起来。"他真的做到了，后来他果然一天天地好起来。

美国购买了巴拿马海峡，并由总统亲自主管修建这条运河。他是一个从不向困难低头的人，这件事充分体现了他身上大无畏的勇气。"天哪！这居然让他给办成了！"平庸的人们这样惊叹说。但是如果没有勇敢的人来帮助，他也不会成功。

美国军医威廉·高加斯，被派到这里与疾病做斗争。他仔细查阅了数万份病历，发现几乎所有的病人都是患传染病死亡的。其中有一份报告显示，从法国来到巴拿马的 500 名技术人员，没有一个能活着拿到第一个月的工钱。接着高加斯医生开始了一项让人惊奇的运动，人们嘲笑他是"蚊子追求者"，因为他把目光放在一个单一的目标——消灭这些传染疾病的东西上。结果他取得了很大的成绩，同时，一项更伟大的胜利出现了，那就是预防药品也发明出来了。这个不到 6 个月的运动，消除了折磨这个地方达 400 年之久的灾难。如果当初人们的嘲笑打垮了医生的决心，那么巴拿马运河也许就不会建成了。

拿出你的勇气吧，这种勇气是你所具有的，它也可以长久地保持下去。 事实上，开始时有很多人站在起跑线上，但最终能够登上山顶的，只有那么少数几个人，只有精选出来的几个人"可以一直向前，而不会昏倒在路边"。

勇敢的冒险家们，在这场历险中无数的东西会阻挠你继续向前，你要明确自己的目标，按照构建好的蓝图向前行进，而不要一看到那些障碍就萎靡不前。亚历山大听说印度遍地都是黄金，那里有丰富的宝藏，于是他踏上了寻宝之途。走的时候他没有带地图，但他有一个明确的目标和方向，寒冷、高山、急流都没有让他恐惧，他的眼睛一直盯在他的目标上。

95% 的人的眼睛只看到了障碍，而只有 5% 的人看到了目标。人们通常描述在他们面前的障碍有多大、多么难以逾越，而那些有着坚强决心和勇气的人，会把这些障碍踩在脚底下。

通过挑战来过一种更完美的生活，这会给予你力量，让你战胜前进的道路上所遇到的障碍。你的冒险就要开始了。看看写在纸上很容易，其实真正去做并坚持把它完成是很困难的，这需要你付出很大的努力。奥西罗·

第四篇　成长要有上进心

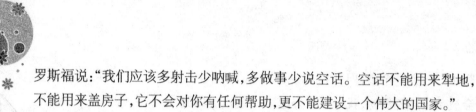

罗斯福说:"我们应该多射击少呐喊,多做事少说空话。空话不能用来犁地,不能用来盖房子,它不会对你有任何帮助,更不能建设一个伟大的国家。"

就让我们从现在开始吧,**所有的计划都不如一个小小的行动对你有帮助,你需要付诸行动的计划不是从下个月开始,也不是从下个礼拜开始,更不是从明天开始,而是从现在开始。**从现在就开始吧,就是现在,努力使自己过上一种完美的生活。

你要相信自己身上拥有英雄的品质,相信你是英雄,相信你必能成功!

在生活中,这样的例子随处可见:我们总以为这已经是自己能力的极限了,但是,因为还有外在的动力在促使我们去继续努力,使我们跑步的继续跑步,工作的继续工作。我们身体里所发挥出来的潜能有时会让我们自己也吓一跳。于是,一场伟大的比赛诞生了,一项辉煌的成果诞生了。

请从许多小的事情做起吧,因为你将需要它们来支撑你做大事的信心和能力。让我们坐下来,安静地听你说你目前的目标以及在这之后的计划,我可以对你作出判断,我能看出渴望挑战的火焰在你的眼睛里跳动,你的心中已经激荡着某种动力,我知道,你已经迈出了你的脚步。

多数人刚出发时意气风发,信心十足,但是随着路途艰难,他的热情也逐渐消退,最终他停下了脚步。道路上到处跌满了急于出发最后却体力不支的人。人虽然有了行动,但却没有一个结果,这是很可悲的。迈出你的脚步是可喜的,但不要忘了一路上的艰险是对你的考验,不要让"你不可能完成的"这个声音在你耳边徘徊。在一个关键的时刻,你可能会想到退出,你想要停止,你想要放弃,这绝不可以! 你还有许多你未曾想到的潜能等着你去开发,它们在你心中呐喊:让我们出来! 让我们出来! 你拥有王者的气质,你要做的就是不断告诉自己:我能行! 能抵抗得住! 可以全速前进!

就像银行家们把财富化为资本一样,你也可以把你所拥有的素质化为你的资本,让你身体里的力量做你的坚强后盾,为应付紧急的情况提供充足的能量。请开动你的思维吧,如果面对事物时你能进行正确的思考,把你的智力和健康的身体融合在一起,那么你就能所向无敌。你要善于发挥个性的魅力来广交朋友,善于用敏锐的观察力、亲和力来吸引你周围的人。

你要勇于运用它们——一个可以任你支配的身体,一个富有智慧的大脑,一个真正的信仰,只要有它们做你生活的基础,那么有意义的生活就不

难寻找了。

只要你有紧迫感，有坚定不移的持久力，你就会对自己充满信心，你会在心里对自己说："只要我做了，我就能做出伟大的事来。"你要释放你的潜能，积极投入到你要做的事情中去。你要与他人分享行进过程中的快乐，在达到目的之前，请你不要放弃。一个激情澎湃、艳光四射的生命可以带动无数人一起奋斗！

心灵悄悄话
XIN LING QIAO QIAO HUA

　　追求，是人的一生不论怎样都离不开的一种东西，它触摸不到，却深深潜藏在每个人的内心里，让每个人的心灵都随时都保持着活力，也让每个人在迈向成功的路上多了一种坚不可摧的信念。为什么要前进，因为有追求，为什么要成功，因为有梦想，心中揣有梦想，敢于追求，才能不惧千山万险，敢于追求，才能无人可挡。

第四篇　成长要有上进心

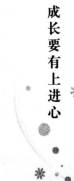

随时用新思想浇灌成长

这世界,时间消逝得相当快,我们要认真地学习,接受新思想事物,来弥补自身的落后。在时间一点一点消逝的同时,我们会变得衰老,身体也会每况愈下,就连最好的朋友也会离我们而去。如果我们对身边的新事物永远感兴趣,用新鲜事物去填补我们陈旧的内心,那我们永远也不会觉得落伍和失落。

具有成熟心灵的人,都明白"活到老,学到老"的道理,并深刻地感受到不断地探求新知识,不断寻找进步给心灵带来的极大愉悦。

我们现在所提到的教育,不仅指平时所说的中小学及大学的正式学习,它还包含所有一切连自学在内的学习过程。任何人都可以有享受自我教育的权利,教育本身就是一种心灵扩充、成长和进步的过程,这是我们内心中自我成长和学习的过程。

《纽约时报》曾经发表过一篇轰动一时的文章。文章的主人公雷普利是一家公司的推销员,由于他白天有工作,所以他利用晚上的时间在一所高中补习,经过四年不懈努力,换来了一张他梦寐以求的高中毕业证书。然后他没有就此满足,随后又报名参加布鲁克林大学的夜间补习班,攻读大学课程。他主修的是自己喜欢的法学,雷普利利用晚间的时间努力学习大学课程,尽管遇到了许多困难,但他丝毫没有退缩,反而愈学愈有动力。一次英文课上,老师让同学以《你快乐的标准》为题写出自己的感受,雷普利是这样写的:"在以前,我最大的快乐就是能拿到高中毕业证书,但现在,我考上了大学,我希望将来能够为律师事业而努力奋斗。"

看到这里,我们一定会认为这是一位拥有远大抱负的年轻小伙子。但实际上,这位注册大学课程不久的雷普利先生,刚刚度过了自己的60大寿。

这则报道听起来有些不可思议,但这是件真实发生的事情。雷普利自学的精神让我深感敬佩。学习是一生的事,它不会因年龄的局限而有所不同,在人生的任何阶段都有寻求教育的权利。

不断学习是我们寻求进步的最高境界,但如果我们总是把自己沉浸在生活中,不能开拓更广阔的视野,那我们永远也不会有所进步。

印第安那州的一位女士曾经向我寻求帮助。她的丈夫是一家公司的主管,文化素养很高,兴趣广泛,与丈夫相比,她没有一点优点,她的丈夫仿佛也对她失去了兴趣,而她自己也觉得自己没有任何修养与内涵,她对我说,她因为家境不好而没上大学,自己的内在素养也没能够培养起来。她结婚后就更没有机会受任何教育。她对丈夫所喜爱的一些关于文学、音乐等文化层次很高的东西几乎一无所知,她并没有因此进修,培养这方面的兴趣,拉近和丈夫之间的距离,而她更喜欢和一群文化层次较低的朋友聊家常。

我问她平时喜欢做什么来度过每日的生活,她回答说她平时除了带带孩子,就是和朋友们打打桥牌,看看电视剧。有时也会看看书,但也不外乎都是看些言情小说。

这位妇女并没有利用空余时间来培养自己更广阔的兴趣。她没有让自己努力进步,而是踏步不前,所以她与丈夫之间的距离就会越来越大。

我们中的许多人都像这位妇女一样,不愿接受更新的挑战,常常把自己放在自己的小圈子中,根本不愿再学习进步。他们以为自己已经来到学习的尽头,人生的终点站了,但是他们却没有意识到人生中最重要的就是对知识的渴望与探索,这就需要我们不断地努力学习,寻求人生的一次次进步。

下面这位住在德州某小镇的老妇人与上面的妇女有着截然不同的人生信仰。

她是位小镇牧师的夫人,辛苦地将五个孩子养大成人,并让他们都受到了良好的大学教育。孩子们长大成人后,在事业和生活上都较为成功,在孩子们都事业有成后,这位已做了祖母的老夫人准备重新报名,完成自己梦想的大学学业,她报考了雷德州大学,并以优异的成绩毕业。

现在那位夫人已将近70岁,她仍在不断地学习中,由于她聪明好学,在社区老年俱乐部中很受大家喜爱。人们喜欢和她相处,她那好学、乐观的个性总是吸引许多朋友。她的家人们也都以她为骄傲。家庭生活非常幸福,

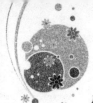

儿女们都争着要她在自己家小住。

　　这位老妇人正是因为不断地接受新的思想,学习新知识,努力面对挑战,才迎得了大家的认同和尊敬。

　　一个积极的成功者,他最大特征是无时无刻地追求进步,总是自强不息地争取不断前进。但有时,一个人在事业上自以为满足而不再追求时,那往往是他事业下坡的开始。

　　一个想有所作为的人,必须常同他的竞争者接触,并且总是及时地吸收新的思想,改进自己的工作方法。只有不断学习,才能有所发展,获得更大的成功。

　　我们的心灵是身体中最重要的部位,如果我们经常滋养抚慰它,它便会努力健康地生长下去。但是如果我们总是忽略而淡忘它,那么它同样会枯萎。所以我们要使我们的心灵经常受到新思想的填补,只有这样,才会健康成长。

　　所以,在现代社会中,我们要永不满足地学习新的知识,保持新思想,让自身各方面都有更为广阔的进步。

心灵悄悄话
XIN LING QIAO QIAO HUA

　　我们为了开创更为有力的精神,就一定要抛开那些陈旧的思想与观念。如果你没有受到很好的教育,那也无妨,我们还可以通过很多渠道来学习自己所需的更多知识。只要你有希望,有信心,教育的机会满地都是。

别让自己无精打采地活着

人该有点精神,有点自己的执着与忍耐,有点属于自己的一片天地,有点与众不同的自我欣赏的底气,不媚俗,不攀比,不与人争名夺利,不与己过不去,说是顺其自然也好,说是"无为"也罢,不必在意别人的评价,无须在乎他人的指点。

人该有点精神,这种精神能让自己心底的天空常蓝,不因物喜,不为己悲,"采菊东篱下,悠悠见南山"是一种精神,"无丝竹之乱耳,无案牍之劳形"也是一种精神,淡泊以明志,宁静能致远。

世界上没有任何一个人,在精神正常的情况下去做一些令人生厌的事。

我们每个人也许都有很多烦恼的事情,但我们却会认同"乏味"是最令人头痛的事情。可到现在为止,我们似乎都没有什么办法来消除它,反而总是在逃避。世上更不会有什么地方能把这些乏味的人或事隔绝起来,它们总是缠着我们不放。

既然不可逃避,那么就让我们做好准备预防乏味吧。现在我们来分析一下,究竟是什么让人或事如此乏味吧。

以下是令人乏味的几种常见的状况:

说话没有重点

我看了马克·吐温的一篇关于如何漫无边际地描述一件事的文章,却没有看到什么重点,下面是这篇文章精彩的一段:

"我同你讲过去参观哈比印第安村的事吧?我们好像是周三上的路,

不，又好像是周四，因为我和你说过周三去看医生的。我的牙齿有了松动，如果不看牙医会发炎的。那个牙医在给我看牙齿时啰唆个没完没了。有一次和上司提起过他，一说起我的上司，我就急，他做事从来就不上心，做什么都要我来帮助，大小事都靠我。我对我妻子发了几次牢骚，说我不想再这样下去了，而我的妻子说如果我要辞职，就回家去找她母亲，这听起来真是太孩子气了。"到最后，我们还是对哈比印第安村一无所知，可见说话没有重点是多么令人哭笑不得。

低调的态度

人总是对世界抱着怀疑、悲观的态度。他们对什么都不感兴趣，觉得每个人都一无是处，倘若你要遇到这类人，和他有机会聊天的话，我敢保证，不出几分钟，你就会感觉格外压抑，这种低调会让你闷闷不快，甚至窒息难耐。

我就认识这样一个人，每次见她都会感到不快，她总会讲一些自己的不幸，好像她天生就要遭遇不幸一样。

她一开始会这样说："我刚才逛街，想买件喜欢的衣料，但没有一个店员主动过来帮助我，她们甚至忽略我的存在。我在那里等了好几分钟，就是不见有人过来。她们不是没看见我，可能觉得我不像是有钱人吧，我真是气愤死了。而且我最近身体也不好，还有这倒霉的天气，雨一直下个不停。我尽管这么痛苦，但我的家庭却根本不关心我，我有时觉得活着太没意思了……"

这只是举一个小例子而已。只有你想不到的，没有他们做不到的，简直是无穷无尽。

无论是喜欢谈论自己孩子的母亲，还是喜欢向别人诉苦的人，只要他们一开口，就会把整个谈话气氛破坏，他们总是把自己放在主角的位置，而我们所做的唯有期盼这场长篇大论能尽早结束，得到心灵的解脱。

在我们要长篇大论时，对方有时会出现不自然的微笑或是眼神。当我们滔滔不绝时，对方也许已经坐立不安，心神不定。

此时，我们就要停止长篇大论，或者立即转移话题，让对方有机会讲话。

还有一个迹象就是，对方总是不停地看手表。如果你不立即转移话题，那对方也许已经有些不耐烦了。公开演讲时，人们尤其要注意这种所谓的"看表征候"。

讲到这里，你也许会有疑问，这些到底和使我们更加成熟有什么关系呢？我们完全可以这样理解：言语的乏味能表现出讲话人缺乏想象力和理智性，其次是对人的敏感性，这对一个人是否自身成熟完善有着很大的阻碍。

言语乏味的人不但对自己一点不理解，不愿认识自己，也不怎么喜欢自己。因为他不知道怎样很好地把自己表现出来，所以在与别人交谈时，很难理解和满足他人的需要。当然，为了弥补他内心的空虚，他们往往将注意力集中在一些细小的事情上，所以沟通起来，他们的言语会与他们自身的精神层次一样的乏味。

所以，尽可能地让自己的说话有意思吧，我们一定要不断努力掌握好说话技巧，否则终有一天会变成一位令人乏味的人。

心灵悄悄话
XIN LING QIAO QIAO HUA

　　人该有点精神，这种精神属于自己，属于自己宁静的天空，属于自己的执着与坚持，失败不气馁，成果不骄傲，不求功成名就，但愿心底宁静。人该有点精神，有点自己的傲气，有点自己的豪气，有点对别人的宽容与尊重，有点对功利的超然，没有急功近利，远离喧嚣浮躁，这种精神属于自己心底最值得骄傲的个人天地。

第四篇　成长要有上进心

找出属于自己的成功捷径

只有成功的人才知道，不论成功或失败，一切都取决于自己；他们更明白，取得成功的要素不在于外在物质条件，而在于自身实现目标的信心和独一无二的自我肯定。

科学家们发现，没有一个人的指纹、声音和DNA会重复，所以，每个人都是独一无二的生命个体。

虽然大家都知道这个真理和事实，但我们还是习惯跟别人相比，比较别人的薪水是不是比自己高，比较别人的工作是不是比自己轻松，比较别人的日子是不是过得比自己好，等等。

甚至，在媒体上看到某些人非凡的成就时，便会充满嫉妒、羡慕，自我安慰地告诉自己："只要等到他这个年纪，我也能和他一样好。"其实，这样的比较一点意义都没有。因为你不知道他们在成功之前曾经付出过多少心力，说不定他们能有今天的成就，付出的代价是超出你我想象的。毕竟每个成功的背后都有着许多不为人知的汗水和努力。

每个人都有属于自己的才能，而且绝对是独一无二的。不管是耐力、幽默感、善解人意还是交际天分都是可以帮助我们取得成功的有利工具。如果你忽略了这些才能，不肯好好发挥自己的潜力，不断拿自己和别人比较，那么只会对你的自我及自信心产生负面的影响。

你应该确认自己的能力是否已充分地发挥，如果你能清楚地设定自己的方向，以及将要实现的目标，那么你才能找到属于自己的成功捷径。

我们不必和别人比较后才来肯定自己，每个人都有不同的天分和潜力，透过难题的解决，你就能慢慢地发现自己的实力。

我们不要被眼前的事物、假象迷惑，也不要被工作、房子、车子或任何外物限定，我们不是这些东西的附属品，更不会因为身上的装饰或名牌而变得特别有价值，只要认定自己的独特之处，你就不必再给自己贴上任何标签了。

你也可以做自己的伯乐，你自认是一匹千里马，但却一直找不到欣赏自己才能的伯乐吗？

那么，不如先做自己的伯乐吧！给自己一个发展和表现的机会，做自己独一无二的知音。

约翰是某家公司的工程师，个性沉默寡言的他，因为不懂得如何与人交际，所以很多人总是把他当作透明人一样视而不见。

直到有一次参加大学同学会，他的生命才有显著的改变。当时，有人请他谈一谈关于国外旅游的经验，由于这是他第一次在一大群人面前说话，所以他不断地出现紧张、口吃的情况。约翰觉得自己说得不知所云，因此感到相当懊恼。但是，就在同学会结束后，有一位老同学却跑来跟他说："约翰，你讲的内容非常有趣，希望以后能有机会再听你演讲。"

自从被这位老同学称赞了之后，约翰开始觉得自己其实并不差，对自己的口才也多了一点点的信心。

后来，他开始拓展自己的人际关系，尽情展现自己的才华，终于获得公司高层赏识，一步步获得擢升，现在已经晋升为公司的经理，不仅负责公关，还处理对外联系与交际业务。

不管别人怎么认定自己，也不管那些认定的优劣，只要我们心中认定了自己的能力，我们必然能充满自信地前进。

每个人都希望能遇上懂得鉴赏自己的伯乐，但这毕竟需要一点运气，如果一千万个人中只有一个是你的知音，那怎么办？

不如就做自己的伯乐吧！你一定知道自己有哪些能力与才华，只要你能灵活运用，并且相信自己，那么你就有机会遇到真正的知音。

设定自己的成功标准，在这个世界上，每个人都是独一无二的个体，在生命过程中不可能会有人与你一模一样。

所以，你应该有自己的成功标准，更要有自己的生活标准和价值观念，因为再多的盲从与模仿都不会成为你的。

至于别人怎么看待你的言行举止，如何解读你的价值，那是他们的事，就让他们去伤脑筋吧！麦克斯·威尔医师曾经描述过这样一次经历：

在罗斯福执政期间，他曾负责为总统夫人的一位朋友做一个手术。事后，罗斯福夫人邀请他到白宫去。他在那里过了一夜，据说隔壁就是林肯总统曾经睡过的房间，他实在感到非常荣幸。

那天晚上，他完全睡不着，因而用白宫的文具和纸张写信给母亲、朋友……

"麦克斯，"他在心里对自己说，"你真的来到白宫了。"

第二天一早起来，他下楼用早餐，总统夫人已经等在那里了。他吃着盘中的炒蛋，接着仆人又送来了一托盘的鲑鱼。问题出现了，他什么都吃，就是从不吃鲑鱼。因此畏惧地对着那些鲑鱼发呆。

罗斯福夫人向麦克斯微笑，指着总统先生说："他很喜欢吃鲑鱼。"麦克斯考虑了一下，心想："我是什么人？怎么能怕鲑鱼？总统都觉得好吃了，我就不能觉得很好吃吗？"

于是，他切着鲑鱼，并混着炒蛋一起吃下去。结果，他从下午开始就浑身不舒服，一直到晚上仍然非常想呕吐。

后来，麦克斯一直思索，这件事有什么意义呢？他在著作《心灵的慧剑》中写下了自己的感想："很简单，其实我一点也不想吃鲑鱼，而且根本也不必吃，但是，我却为了附和总统而背叛了自己。虽然这是件小事，很快就过去了，可是换个角度想，这不正是许多人为了成功最常碰到的陷阱之一吗？"

你认为别人的成功模式就一定适用于你吗？**走在别人留下的成功痕迹上，你只是跟着别人走一趟而已，别忘了在这条相同的路上，已经有人先到达了终点，而你只不过是再加深成功者走过的路痕罢了。**

你当然可以尝试别人的方法，但是在尝试之后，仍得找到自己的路，不要一味地抄袭模仿。因为，别人的成功方法不一定适用于你，唯有找到了属于自己的价值标准，你的成功才会长久，也才会是你真正的成功。

你可以把劣势变成优势。

其实，你所认同的劣势或缺点，都只是你没有信心的借口，就算你拥有最好的竞争条件，如果缺乏自信，也会变成阻碍前进的劣势。

以前，许多人喜欢看 NBA 的夏洛特黄蜂队打球，更喜欢看明星球员伯格士上场奋力演出。伯格士的身材并不高，即使照东方人的标准也算矮小，更不用说在身高两米都嫌矮的 NBA 了。

但这个伯格士相当不简单,他可是 NBA 表现最杰出、失误最少的后卫之一,不仅控球一流、远投精准,甚至穿梭在高个儿队员中带球上篮也毫无惧色。

每次看到伯格士像一只小黄蜂般满场飞奔,许多人都会忍不住地惊呼。因为,他不只安慰了所有身材矮小而酷爱篮球的人的心灵,也鼓舞了许多人的意志。

心灵悄悄话

XIN LING QIAO QIAO HUA

　　既然挫折在所难免,既然成功之路注定坎坷,逃避不是办法,那么就要勇敢面对,想办法把不幸变成幸运,把逆境变成顺境,把不利化为有利,把绊脚石变成垫脚石。我很欣赏前人说过的一句话:"人生中,经常有无数来自外部的打击,但这些打击究竟会对你产生怎样的影响,最终决定权在你自己手中。"也很欣赏奥斯特洛夫斯基的一句话:"人的生命,似洪水在奔流,不遇着岛屿、暗礁,难以激起美丽的浪花。"

121

第五篇　快乐成长，让生活五彩缤纷

赞赏和激励是促使青少年进步的最有效的方法之一。每个青少年都有希望受到家长和老师的重视的心理，而赞赏其优点和成绩，正是满足了青少年的这种心理，使他们的心中产生一种荣誉感和骄傲感。

青少年在受到赞赏鼓励之后，会因此而更加积极地去努力，会在学习上更加努力，会把事情做得更好。赞赏和激励是沐浴青少年成长的雨露阳光。

自信心是人生前进的动力，是青少年不断进步的力量源泉。因此，父母在教育青少年的过程中，一定要重视其自信心的培养。

寻求生活的快乐

卡耐基曾以两百美金的赏金,征求一则以"我如何快乐起来"为题,对人们有帮助也能激励人心的真实故事。这次征文竞赛的三位评审先生是:东方航空公司的董事长艾迪·雷肯贝克,林肯纪念大学的校长史都华·麦克柯里南博士,广播新闻评论家卡谭波恩。他们收到两篇非常好的故事,使三位评审委员没有办法在其中选出第一名,于是让两名应征者平分了奖金。

下面就是得奖的故事之一,执笔者是住在密苏里州春田镇的波顿先生。

"我九岁的时候失去了母亲,十二岁的时候失去了父亲,"波顿先生写道:"我父亲死于车祸,母亲在十九年前的某一天离开了家,从此我就再也没有见过她和她带走的我的两个小妹妹。直到离家七年之后,她才写信给我。我父亲在母亲离家三年后死于车祸,他和一个合伙人在密苏里的一个小镇买下一间咖啡店,合伙人趁他出差的时候把咖啡店卖了,得了现款之后逃跑了。一个朋友打电报给父亲,叫他赶快回家,在匆忙之中,父亲在堪萨斯州沙林那城车祸丧生。我的两个姑姑,她们又穷又老又病,把我们五个孩子中的三个带到她们家里去,没有人要我和小弟弟,我们只好靠镇上的人来帮忙。我们被人家叫作孤儿,或者被人家当作孤儿来看待,但我们所担心的事情很快发生了。

我在镇上一个很穷的人家住了一阵子,可是日子很难过,那一家的男主人失业了,所以他们没有办法再养我。后来罗福亭先生和他的太太收留了我,让我住在他们离镇子十一里的农庄里。罗福亭先生七十岁,他对我说,只要我不说谎,不偷东西,能听话做事,我就能一直住在那里。这三个要求变成了我的圣经,我完全遵照它们生活。我开始上学,其他的孩子都来找我麻烦,拿我的大鼻子取笑,说我是个笨蛋,还说我是个'小臭孤儿'。我气得

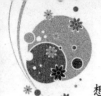
想去打他们，可是收容我的那位农夫罗福亭先生对我说：'永远记住，能走开不打架的人，要比留下来打架的人伟大得多。'我一直没有和人打过架。

后来有一天，有个小孩在学校的院子里抓起一把鸡屎，丢在我的脸上。我把那小子痛揍了一顿，结果交上了好几个朋友，他们说那家伙活该。我对罗福亭太太买给我的一顶崭新的帽子感到非常得意。有一天，有个大女孩把我的帽子扯了下来，在里面装满了水，帽子被弄坏了。她说她之所以把水放在里面，是要那些水能够弄湿我的大脑袋，让我那玉米花似的脑袋不要乱晃。我在学校里从来没有哭过，可是我常常在回家之后号啕大哭。有一天，罗福亭太太给了我一些忠告，使我消除了所有的烦恼和忧虑，而且把我的敌人都变成了朋友。她说：'罗夫，要是你肯对他们表示兴趣，而且注意能够为他们做些什么的话，他们就不会再来逗你，或叫你'小臭孤儿'了。我接受了她的忠告，我要用功读书。

不久后我就成为班上的第一名，却从来没有人妒忌我，因为我总在尽力帮助别人。我帮好几个男同学写作文，写很完整的报告，有个孩子不好意思让他的父母亲知道我在帮他的忙，所以常常告诉她母亲说，他要去抓袋鼠，然后就到罗福亭先生的农场里来，把他的狗关在谷仓里，然后让我教他读书。

死神侵袭到我们的身边，两个年纪很大的农夫都死了，还有另一位老太太的丈夫也死了。在这四家人中我是唯一的男性，我帮助那些寡妇们度过了两年。在我上学或是放学的路上，我都到她们的农庄去，替她们砍柴、挤牛奶，替她们的家畜喂饲料和喂水。现在大家都很喜欢我，每个人都把我当作朋友。当我从海军退伍回来的时候，他们向我表露了他们的感谢之情。我到家的第一天，有两百多个农夫来看我，有人甚至从八十里外开车过来。他们对我的关怀非常真诚，因为我在忙碌的同时也乐意去帮助其他人，所以我没有什么忧虑，而且十三年来再也没有人叫我'小臭孤儿'了。"

华盛顿州西雅图已故的佛兰克·陆培博士也是一样。他因为风湿病在床上躺了二十三年之久。但是《西雅图报》的记者史都华·怀特豪斯写信告诉卡耐基说："我去访问过陆培博士好几次，我从来没有看过一个人能这样不自私，这样好好过日子的。"

一个像他这样躺在床上的废人,怎么能好好过日子呢?他的做法是:把威尔斯王子的名言"我为人服务"作为座右铭。他搜集了很多病人的姓名和住址,写充满快乐、充满鼓励的信给他们,使他们高兴,也激励他自己。事实上,他组织了一个专供病人通信的俱乐部,最后,成为一个全国性的组织,称之为"病房里的社会"。他躺在床上,平均每年要写一千四百封信,把别人捐赠的收音机和书籍送给那些需要帮助的人,为成千上万的病人带来了快乐。陆培博士和别人最大的不同是什么呢?那就是陆培博士有一种内在的力量,有一个目的,有一个任务,有知道自己是在为一个比自己高贵得多也重要得多的理想服务所得到的快乐,而不做一个像萧伯纳所说的"以自我为中心,又病又苦的老家伙,一天到晚抱怨这个世界没有好好使他开心。"

　　不管你的处境多么平凡,你每天都会碰到一些人,你是怎样看待他们呢?你是否只是望一望他们?还是会试着去了解他们的生活?比方说一位邮差,他每年要走几百里的路,把信送到你的门口,可是你有没有想过去问他家住在哪里?或者看一看他太太和他孩子的照片?你有没有问过他的脚会不会酸?他的工作会不会让他觉得很累呢?或者是杂货店里送货的孩子,卖报的人,在街角上为你擦鞋的那个人。这些人都有他们的烦恼,他们的梦想和个人的野心,他们也渴望有机会跟其他的人来共享,可是你有没有给他们这种机会呢?你有没有对他们的生活流露出一份兴趣呢?你不一定要做南丁格尔,或是一个社会改革者,才能帮着改善这个世界。你可以从明天早上开始,从你所碰到的那些人做起。这对你有什么好处?这会带给你更大的快乐,更多的满足。**亚里士多德称这种态度为"有益于人的自私"。**

　　古波斯拜火教的始祖佐罗亚斯特说:"为别人做好事不是一种责任,而是一种快乐,因为这能增加你自己的健康和快乐。"纽约心理治疗中心的负责人亨利·林克说:"现代心理学上最重要的发现就是以科学证明:必须要有自我牺牲的精神或者是自我约束的能力,这样才能达到自我了解与快乐。"多为别人着想,不仅能使你不再为自己忧虑,也能帮助你结交很多的朋友,并得到很多的乐趣。怎样才能做到这一点呢?看看耶鲁大学的威廉·李昂·费尔浦教授说的话吧,他说:"每次我到旅馆、理发店或者商店去的时候,我总会说一些让每一个我所碰到的人高兴的话;也就是把他们当作是一个人,而不是一部大机器里面的一个小零件。有时候我会恭维一个在店里招呼我的小姐,说她的眼睛很漂亮——或者说她的头发很美。我会问一位理发师,这样整天站着,会不会觉得累?怎么干上理发这一行的?在这一行干了多久?我发现,你对别人感兴趣的时候,就能使他们非常高兴。我常常和那个帮我搬行李的服务员握手,使他觉得很开心,整天都能打起精神工作。

在一个特别炎热的夏天,我走进纽海文伯路餐车吃午饭,里面挤满人,几乎像一个疯人院,服务非常慢,等到那个侍者终于把菜单交给我的时候,我说:'那些在闷热的厨房里烧饭的人,今天一定苦极了。'那个侍者开始骂了起来,他的声音充满了怨恨。起先,我以为他是在生气,他大声地说,'到这里来的都埋怨东西不好吃,骂我们动作太慢,抱怨这里太热,价格太高,我听他们骂已经十九年了。你是第一个,也是唯一的一个对炊事员表示同情的人,我真想求上帝能多几个像你这样的客人。'这个侍者之所以这样吃惊,是因为我把后面那些黑人炊事员也当作人看待,而不是一个大铁路机构里面的小螺丝。一般人所要的,只是别人把他们当人来看待。

每次我在街上看到牵着狗的主人时,总是夸那条狗很漂亮,然后我继续往前走,再回过头去,通常都会看到那个人用手拍着那条狗表示喜欢,我的赞美使他也喜欢起他那条狗来。

洛克菲勒早在二十三岁的时候就全心全意追求他的目标。据他的朋友说:"除了生意上的好消息以外,没有任何事情能令他展颜欢笑。当他做成一笔生意,赚到一大笔钱时,他会高兴地把帽子摔到地上,痛痛快快地跳起舞来。但如果失败了,那他会随之病倒。"就在他的事业达到顶峰之时,财富像威苏维火山的金黄色岩浆那样,源源不绝地流入保险库中,而他的私人世界却崩溃了。许多书籍和文章公开谴责标准石油公司那种不择手段致富的财阀行为,他们利用和铁路公司之间的秘密回扣,无情地压倒任何竞争者。

在宾夕法尼亚州,当地人们最痛恨的就是洛克菲勒。被他打败的竞争者,将他的人像吊在树上泄恨。充满火药味的信件如雪花般涌进他的办公室,威胁要取他的性命。他雇用了许多保镖,以防遭敌人杀害。他试图忽视这些仇视怒潮,有一次还以讽刺的口吻说:**"你尽管踢我骂我,但我还是按照我自己的方式行事。"**但他最后还是发现自己毕竟也是凡人,无法忍受人们对他的仇视,也受不了忧虑的侵蚀。他的身体开始不行了。疾病从内部向他发动攻击,令他措手不及,疑惑不安。起初,他试图对自己偶尔的不适保持秘密。但是,失眠、消化不良、掉头发——这些病症却是无法隐瞒的。最后,他的医生把实情坦白地告诉他。他只有两种选择:要么财富和烦恼,要么性命。他们警告他:必须在退休和死亡之间作一抉择。他选择退休。但在退休之前,烦恼、贪婪、恐惧已彻底破坏了他的健康。美国最著名的传记女作家伊达·塔贝见到他时吓坏了,她写道:"他脸上所显示的是可怕的年老,我从未见过像他那样苍老的人。"医生们开始挽救洛克菲勒的生命,他们为他立下三条规则——这是他终生彻底奉行不渝的三条规则:

①避免烦恼。在任何情况下,绝不为任何事烦恼。

②放松心情。多在户外做适当运动。

③注意节食。随时保持半饥饿状态。洛克菲勒遵守这三条规则,因此而挽救了自己的性命。退休后,他学习打高尔夫球,整理庭院,和邻居聊天,打牌,唱歌等。但他同时也做别的事。

温克勒说:"在那些痛苦及失眠的夜晚里,洛克菲勒终于有时间自我反省。"他开始为他人着想,他曾经一度停止去想他能赚多少钱,而开始思索那笔钱能换取多少人的幸福。简而言之,洛克菲勒现在开始考虑把数百万的金钱捐出去。有时候,做件事可真不容易。当他向一座教堂奉献时,全国各地的传教士齐声发出反对的怒吼:"腐败的金钱!"但他继续捐献,在获知密西根湖湖岸的一家学院因为抵押权而被迫关闭时,立刻展开援助行动,捐出数百万美元去援助那家学院,将它建设成为目前举世闻名的芝加哥大学。他也尽力帮助黑人。像塔斯基吉黑人大学,需要基金来完成黑人教育家华盛顿·卡文的志愿,他就毫不迟疑地捐出巨款。他也帮忙消灭十二指肠虫,当著名的十二指肠虫专家史太尔博士说:"只要价值五角钱的药品就可以为一个人治愈这种病,但谁会捐出这五角钱呢?"洛克菲勒捐出数百万美元消除十二指肠虫,解除了使美国几乎一度陷于瘫痪的这种疾病。然后,他又采取更进一步的行动,成立了一个庞大的国际性基金会——洛克菲勒基金会,致力于消灭全世界各地的疾病、文盲及无知。像洛克菲勒基金会这种壮举,在历史上前所未见。

洛克菲勒深知,**世界各地有许多有识之士,进行着许多有意义的活动,但是这些高超的工作,却经常因缺乏基金而宣告结束。**他决定帮助这些人

道的开拓者,并不是"将他们接收过来",而是给他们一些钱来帮助他们完成工作。今天,你我都应该感谢约翰·D·洛克菲勒,因为在他的金钱资助下,发现了盘尼西林以及其他多种新药。他使你的孩子不再因患"脊骨脑膜炎"而死亡;他使我们克服了疟疾、肺结核、流行性感冒、白喉和其他目前仍危害世界各地的疾病。洛克菲勒把钱捐出去之后,是否已获得心灵的平安?他最后终于感觉满足了,洛克菲勒十分快乐。他已完全改变,完全不再烦恼。

心灵悄悄话
XIN LING QIAO QIAO HUA

其实在生活中,快乐要靠自己去找寻的,它不会轻易地降临到你的身边,它需要你去创造,去发掘,而当你拥有快乐时,你会发现快乐也有很多种,比如让藐视你的人尊敬你时的快乐,给需要帮助的人伸出援助之手的快乐,让敌视你的人信服你的快乐,驱除烦恼和忧虑时候的快乐等等。既然世上的快乐有很多种,那么就让我们去找寻快乐,享受快乐吧!

成长中要学会幽默

幽默的谈吐和行为是一个人智慧的体现。应变所推崇的急中生智,最能代表变通水平的非幽默莫属。

一个雅典人看到著名的大哲学家柏拉图正和一群孩子一起用坚果玩游戏,便停下脚步,带着嘲弄的口气说:"是你啊,还和野孩子在一起玩耍呢。看你哪像个哲学家?"

柏拉图见有人取笑他,就在路当中放下一把松了弦的弓,说道:"听着,你猜猜看,我这样做是什么意思?"那雅典人苦苦思索了好半天,还是弄不清楚柏拉图所指的问题是什么,最后只好认输了,请求赐教。

这位胜利了的哲学家说道:**"如果你老是把弦绷得紧紧的,弓很容易就会折断,但如果你把它放松了,要使用时就能顶用。"**

快节奏的都市生活,复杂的人际关系,激烈的社会竞争,使现代人感到一种无形的精神压力,一种难以解脱的烦恼。没有时间放松自己,也不敢放松自己,人们不断地问:"人为什么活得这么累?"裁员、与同事和上司的关系不和、渴望晋升机会等等,让男人们心烦意乱;工作、家务、丈夫、孩子等等,让很多女人们筋疲力尽,等等。

"文武之道,一张一弛。"如果长时间紧绷着心灵之弦,哪能有时间品尝到每天生活中美好的滋味。珍惜即刻的美好吧,不妨留意、发现、体味和享受时刻伴你的快乐,放松一下自己的心灵之弦。

一次,乾隆皇帝突然问刘墉一个怪问题:"京城共有多少人?"刘墉虽猝不及防却非常冷静,立刻回了一句:"只有两人。"乾隆问:"此话何意?"刘墉答曰:"人再多,其实只有男女两种,岂不是只有两人?"乾隆又问:"今年京城里有几人出生? 有几人去世?"刘墉回答:"只有一人出生,却有十二人去世。"乾隆问:"此话怎讲?"刘墉妙答曰:"今年出生的人再多,也都是一个属

相,岂不是只出世一人?今年去世的人则十二种属相皆有,岂不是死去十二?"乾隆听了大笑,深以为然。确实,这刘墉的回答极妙——皇上发问,不回答显然不妥;答吧,心中无数又不能乱侃,这才急中生智,转眼间以妙答趣对皇上。

其实,这样的例子在外交场合常常碰到。如20世纪60年代初期,我们曾准确地击落过一架入侵我国的美制高空侦察机。在一次引人关注的记者招待会上,曾有一位外国记者就此询问陈毅部长:"请问外长先生,你们是用何种武器击落如此先进的高空侦察机的?"显然,这是军事秘密,不能公开回答,但如不回答又会使提问者尴尬,陈毅就势举了举自己手中的拐杖,说:"就是用这玩意儿把它捅下来的。"说着还做了个往上捅的动作。自然,此举赢得了一片热烈的掌声。

确实,**在千变万化的生活中,什么样的怪问都可能碰到,而对付这些怪问的最佳方案,就是利用语言的多义性作出迅速灵巧的变通**,切不可被原问困死陷于被动,自然,这种灵活的变通也将会使你走出困境,走向成功。

中国人民的老朋友——美国记者安娜·路易斯·斯特朗八十诞辰的庆祝会上,周总理就巧妙抓住西方女士喜欢别人说她们年龄小的特点,并与中国称"斤、里"时比"公斤、公里"数值小一半的情况联系起来,于是就笑着要大家为斯特朗的四十"公岁"举杯庆贺。满座来宾听后皆捧腹大笑,斯特朗则笑出了眼泪。周总理演讲一开始便让人感到兴趣盎然,从而取得了成功。

碰到别人实实在在的话语,不从实际情景出发,而是侧重联想,不给他有关问题的对口信息,将话题转向与问题没有直接关联的其他事情上,暂时中断对方原来的意念,中断必然引起对方对两个看似不相关的问题的思考,品味其中的不协调,在意会里品味幽默。

妻子对丈夫说:"你经常说梦话,还是去医院检查一下吧。"丈夫笑着说:"还是不用吧,要是治好了这病,我就没有一点说话的机会了。"妻子本是从关心丈夫的角度出发,实实在在劝丈夫看医生,而丈夫装作不懂,把话题引到妻子话多的问题上,说梦话是生理疾病,说话多是心理习惯,丈夫以虚对实的幽默表达着他淡淡的抱怨,妻子能在幽默里领悟丈夫的潜台词,幽默让生活充满情趣。

幽默里总有种平和的机智,不给人直接的挫伤感。宋朝吕蒙正曾三次为相,有人送他据说能照二百里的古镜,吕蒙正幽默地说:"脸面不过像碟子一样大小,哪里用得着照见二百里的镜子呢?"又有人送古砚给他:"这古砚不需加水,只要一呵气就湿润得可以磨墨写字。"吕蒙正半开玩笑地说:"即使一天呵出十担水,也不过值十个钱罢了。"

对别人送的珍品,吕蒙正自然是懂的,他故意用些不现实的、不关痛痒的话加以贬低,别人从实处说礼品功能好,他却故意从虚处理解,礼品的某种功能并不好使,而他设想的功能并无存在的必要,但幽默的效果却很好,好像不是自己想拒礼,而是别人送的礼品不恰当,幽默大智若愚,使得对方啼笑皆非,不好再坚持送礼。

碰到别人不是很具体的问题,以及不好直接考证的问题,没有必要他问什么,你就答什么,而是给以抽象的闪避,同样可用不现实的情景回答。伪劣产品的推销员喋喋不休:"本公司的产品质量越来越高,就好像鸭子一样嘎嘎叫!"一个受骗者说:"贵公司的产品就和鸭粪一样,质量越高闻起来越臭。"

碰到假冒伪劣商品是倒霉的,要是再搭上生气,那就更倒霉。这位消费者没有生闷气,而是同样从虚处着手,对方用鸭叫作比,他用鸭粪作比,两者形成鲜明的对比,幽默在对比里充满生机,有效地戳穿对方骗人的把戏。

有人想捉弄一下矮个丈夫和他的高个妻子,就当众问他:"妻子总在你身后居高临下的,你觉得般配吗?""绝对般配。"他面无愧色地回答,"我为她的笑容腾出了空间。"

其实矮个丈夫用的是虚实辉映的幽默手法,对挑衅者现实的提问从虚处开拓意境,幽默改善着对话双方相互的位置。虚实辉映指恰当地把握虚与实的关系,不是顶真地响应对方的直接说法,而是作小小的延伸,在虚实对应关系上与对方错位,让其有所指变成无所指,引出某种悬念,通过后面的补充化解悬念,激活潜在的幽默。虚实辉映是种很灵活的幽默技法,在不同的场合有不同的应变。

西汉初刘邦顺水推舟封韩信的故事也是一个绝妙的例子。韩信攻占了齐地,欲自封"假齐王",派使者呈报刘邦。刘邦怒形于色,使者面色大变。这时身边的谋臣劝刘邦要好好利用韩信。刘邦脑袋一转,佯装继续发怒道:"大丈夫攻城略地,就应称王,怎么要立假王?马上封韩信为齐王!"话锋一转,事情便发生了完全的变化。

对付已产生敌意的人的办法,这其中也可以用上幽默巧答。你当了个小官,拒绝办某件不合法纪的事,但找你的亲人心里产生了反感。你可以分析一次你没有代人办事而受责的经过,最后说:"哈,叫我违法乱纪我不会,叫我行贿钻营我不敢,以前乡亲们说我是才子,可如今我是江郎才尽,只能背黑锅。"如果这话预言于人言之先,对方就不好意思开口,从而不会发生冲突。有时候对方是由于听到关于你的坏话,才对你产生敌意的。你要从承认入手,幽默化敌。比如有人诬蔑一个人手脚不干净,这个人就对别人说:"哟,既然有这样的意思,我劝大家都把金鸡银鸡藏好,别让我一来,闪失的闪失,损坏的损坏,那就糟了。"大家反觉得原来的话别扭了。

你可能有这样的体验:与人谈话的时候,发现对方将你的话一句句顶回,换之以带刺的应答。这时,你可明白:这是对方产生了敌对情绪所致。言谈中的敌意,使对方不再接受我们的观点,从而破坏了原有的人际关系,或者破坏了谈判交涉的顺利进行。

而且,这种敌对情绪是那么容易产生。据推辞辩理于书生群中,戏言语交往于亲友之间,举手投足,有意无意,悄然失态,都可以使人产生敌意,破坏了融融气氛。那难堪情景,我们当然不愿见到。如有这种情况出现,你是否常常采用幽默巧答呢? 那可是个化解敌对情绪的诀窍!

心灵悄悄话
XIN LING QIAO QIAO HUA

要想有所作为,就请果断行事,请记住德国伟大的诗人歌德这句富有哲理的话:"长久迟疑不决的人,常常找不到最好的答案。"不能抑制自己的人,就是一台被损坏的机器,随时会误入歧途。

与他人同快乐

一支流行歌曲开头的一句话意味深长："我想获得快乐,但是我只有使你幸福了,我才会快乐。"

寻找你自己快乐的最可靠的方法,就是竭尽全力使别人更快乐。快乐是一种很难捉摸、瞬息万变的东西。如果你刻意去追寻它,你会发现它有意在逃避你,但是如果你努力将快乐送给他人,快乐便会不经意地来到你身边。

让我们看看发生在美国海军中最受欢迎的女士马格利特的故事吧。

马格利特女士因为患心脏病已卧床多年,她一天中的 24 小时有 22 小时都是躺在床上度过的,每天在庭院中晒晒太阳,呼吸一下新鲜空气对她来说是最奢侈的享受了。但如果没有女仆的帮助,她将寸步难移。她说:"我每天过着死一般的生活,痛苦地几乎产生自杀的念头。"

在马格利特卧床期间,发生了举世闻名的日军偷袭珍珠港事件。那次战争的到来,彻底改变了马格利特的人生。

马格利特向我们讲道:"事情来得很突然,到处一片混乱。军队到处寻找避难场所来救援伤员,他们把军队家属拉到学校避难。此时,红十字会打电话征求我的意见,他们希望能有足够的空房子作为避难场所,因为我这里有一部电话,希望我能够帮助他们将我家暂时充当消息联络站。我欣然同意了。我认为我应该做一些我力所能及的事情来帮助他们。

于是,我一边帮助调动家属们到避难所,另一边告诉前线的士兵他们家属的安危。

那次战役打得十分惨烈,有 2000 多名士兵英勇牺牲,900 多名士兵下落不明。"当我得知我的丈夫在前线安然无恙后,我便鼓起劲头开始我每天必

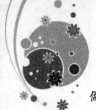

做的工作，我同时还鼓励那些和我一样担心着自己丈夫安危的妻子们，安慰那些因丈夫阵亡而伤痛欲绝的年轻寡妇。"

"起初，由于身体原因，我是躺在床上开始每天的接电话工作的，令人惊讶的是，没过多久，我就能坐在我的床上完成接电话的工作了。仿佛工作越忙，精神越好。到最后，我几乎忘记自己是一名卧床不起的人了。我每天都致力于我的询问工作，一心想着那些不幸的人们，想给予他们我最大的帮助。后来，除了每晚固定的 8 小时睡眠以外，我都是在我的小写字台前度过的。我的身体仿佛也随着珍珠港事件的忙碌有了很大的好转，我再也不用卧床不起了。

尽管珍珠港事件是一起非常惨痛的战役，但对于马格利特个人来说却是生命的一次转机。

她得到了一种意想不到的生命力量。在这次生命的转变过程中，玛格利特自己走出了自己的生活，去努力地关怀、帮助别人。她对生命积极的态度，对他人无保留的关心，使她自己从中获得了生命的重生。

关心他人，不仅可以将自己从烦恼中解脱，还可以使你广结朋友，更有助于得到更多的快乐。无论是商店的售货员、擦鞋匠、送报童还是别的什么人，他们都怀有一定的理想，期望别人能给予他们更多的尊重与理解。

但我们可曾真的关注过他们的感情呢？他们每天为我们尽心的服务，我们不该吝惜我们的关心与付出，对他们多表达一份真诚的关怀无疑是一件不错的好事。

作家克莱尔是俄克拉马城大学一位教授的妻子，她向我们谈到她婚后经历的幸福生活，她说："在我们结婚两年后，住在我们对面的邻居家有一对身体不好的老夫妇。妻子双目失明且下肢瘫痪，整日坐在轮椅上，而她的丈夫身体也并不很好，每天在家中照料体弱多病的妻子，日子过得相当了无生趣。"

克莱尔和丈夫将老人的生活看在眼中，他们决定让两位老人的生活有所改变，让他们更快乐些。于是，在圣诞节前夕，她和丈夫商量后，决定为这对夫妇送去一颗装饰得很漂亮的圣诞树。

他们挑选了一颗精致的圣诞树,将它拿回家精心地装饰一番,并买了一些礼物,在圣诞节的前夜送到了邻居夫妇家中。

两位老人收到克莱尔夫妇送去的精致的礼物后,感动得哭了起来,多年来,由于身体的缘故,他们已经好久没有欣赏过圣诞树了,他们很少能够这么快乐。

从那以后,克莱尔夫妇每次拜访,他们都会提到那棵珍贵的圣诞树,尽管他们仅仅是做了一件很小的事,但从中获得的快乐,却是十分充足和珍贵的。

由于他们的友好,他们获得了一种快乐与幸福,这种快乐是一种十分深厚而温暖的感情,这种幸福将一直留在他们的记忆中。

20世纪最有名的无神论者西道尔曾经说过:"如果想在短暂的一生中寻找快乐,那必是以他人为中心,为他人设想,将他人的快乐作为自己的最大快乐,当周围的人们都幸福快乐的时候,自己才能因此而感染到愉快。"

心灵悄悄话
XIN LING QIAO QIAO HUA

在生活中,我们要不断地结识新朋友,无论在什么地方,都要兴高采烈,把自己的欢乐给予别人分享。让我们尽可能地去与别人一同分享欢乐与喜悦吧,让你周围的人都因你的行为而欢笑吧,相信那样你也会从中获得更多的快乐。

第五篇 快乐成长,让生活五彩缤纷

握住自己快乐的钥匙

人生的最高境界就是快乐，乐在其中。 快乐是一种积极的处世态度，是以宽容、接纳、豁达、愉悦的心态去看待周边的世界。乐观心态的人往往将人生的感受与人的生存状态区别开来，认为人生是一种体验，是一种心理感受，即使人的境遇由于外来因素而有所改变，人们无法通过自身的努力去改变自己的生存状态，人也可以通过自己的精神力量去调节自己的心理感受，尽量地将其调适到最佳的状态。

渴望人生的愉悦，追求人生的快乐，是人的天性，每个人都希望自己的人生是快乐的，充满欢声笑语的。可是在现实生活中并不如真空状态简单纯一，不如意的事情是难免的。英国思想家伯特兰·罗素认为，人类种类各异的不快乐，一部分是根源于外在社会环境，一部分根源于内在的个人心理。面对现实的经济状况，以及面临生存的竞争，怎样才能使自己的心理调整到快乐状态，使乐观成为不可或缺的维他命，来滋养自己的生命？

以仁达宽恕的胸怀来承纳。 孔子曰："仁者爱人。"只有博爱的人才会懂得善待自己，善待他人。的确生命就像回声一样，你播种了什么就收获了什么，你给予了什么就得到了什么。有一次，苏格拉底跟妻子吵架后，刚走出屋子，他的妻子就把一桶水浇在他头上，弄得他全身尽湿，苏格拉底于是自我解嘲地说："雷声过后，雨便来了！"一个乐观的人，当他面临苦难和不幸时，绝不自怨自悲，而以一种幽默的态度，豁达、宽恕的胸怀来承纳。乐观的心态是痛苦时的解脱，是反抗的微笑，笑是一种心情，时时有好心情是一种境界。"一个人若能将个人的生命与人类的生命激流深刻地交融在一起，便能欢畅地享受人生至高无上的快乐。"要拥有乐观的心态，首先目光就要盯在积极的那一方面。一个装了半杯酒的酒杯，你是盯着那香醇的下半杯，还是盯着那空空的上半杯？从篱笆望出去，你是看到了黄色的泥土还是满天的星星？以不同的心态去看待身边的事物,就会收到不同的效果。有这样一则小故事,说的是有家做鞋子的公司,派了两位推销员到非洲去做市场调查,看看当地的居民有没有这方面的需求。不久,这两个推销员都将报告呈给总公司。其中一个说:"不行啊,这里根本就没有市场,因为这里的人根本不穿鞋子。"而另一位则说:"太棒啦,这里的市场大得很,因为居民多半还没有鞋子穿,只要我们能够刺激他们想要的需求,那么发展的潜力真是无可限量啊!"同样一个事实,但有完全不同的见解。这实际上讲的都是心理学上有一种"漏掉的瓦片效应",一栋房子顶上铺满了密密麻麻的瓦片,但有的人在看房顶时,不是看铺得很好很整齐的瓦片而是专看那一块铺漏了的瓦片。

自然这种凡事专挑自己的缺点,总是爱自己为难自己的人是不会快乐的。宾夕法尼亚大学的心理学家马丁·E. P. 塞利格曼与同事彼德. 舒尔曼在一项重要研究中调查了大都市人寿保险公司的推销员,发现乐观主义者能多销20%。公司受到了触动,便雇用了100名虽未通过标准化企业测试但态度乐观一项得分很高的人。这些本来可能根本不会被雇用的人售出的保险额高出推销员的平均额10%。

特殊的解释方式能够带走令我们不快的烦恼。美国有一位心理学家指出:烦恼是一阵情绪的痉挛,精神一旦牢牢地缠住了某事就不会轻易放弃它。不良的心境有一种顽固的力量,往往不易摆脱,当一个人心境不佳时不要过分独自地冥思苦想,最好将自己的心事倾诉出来,或是转移到其他的事情上去,心理学上称之为"心境转移"。乐观主义者成功的秘诀就在于他的特殊的"解释方式"。当推销失败之后,悲观主义者倾向于自责。

他说:"我不善于做这种事,我总是失败。"乐观主义者则寻找客观原因。他责怪天气、抱怨电话线路或者甚至怪罪对方。他认为,是那个客户当时情绪不好。当一切顺利时,乐观主义者把一切功劳都归于自己,而悲观主义者只把成功视为侥幸。克雷格·安德森让一组学生给陌生人打电话,请他们为红十字会献血。当他们的第一二个电话未能得到对方的同意时,悲观者说:"我干这事不行。"

乐观主义者则对自己说:"我需要试试另一种方法。"这个实验让我想起我上学时交的一位美国笔友对我的劝慰。有一次我考完英语后感觉非常不好,心里很难过,身边的人都对我说没有关系,这次可能是你准备不足,下次

继续努力就好了,可是我还是很难受,因为我觉得我已经尽到努力。我不停地责备自己是不是太笨,心里越想越难过,甚至晚上都睡不好,我在给我美国笔友的信中情不自禁地表达了这种抱怨,他写信来的第一句话我至今记忆犹新,他说:"如果你考得不好,并不是你的错,是你的老师教得不好。"从**小到大我们所受的教育都是不要把错误归咎到别人身上,要从自己身上找缺点,要从主观上找原因**,因此他的话让我非常吃惊。可是我在仔细思考他的话后却发现,的确是这样,我们的英语老师不仅发音不标准而且照本宣科,问她问题时回答也含糊不清,上课根本调动不起我们的积极性。这样想我心里好受多了,而且按照他的建议多从交流、口语入手,成绩果然提高了不少。

在多数人身上,乐观主义和悲观主义兼而有之,但总更倾向于其中之一。这是一种所谓"早在母亲膝下"就开始形成的思维模式,美国一位学者卡罗尔·德韦克博士对小学低年级儿童做了一些工作。她帮助那些屡屡出错的困难学生改变他们对失败原因的解释,从"我是很笨"变成"我学习还不够努力",他们的学习成绩果然随之提高了。

乐观的人总是能从平凡的事物中发现美,威廉·华兹华斯曾有一首诗道出了这份独特心境:"我曾孤独地徘徊/像一缕云/独自飘荡在峡谷小山之间/忽然一片花丛映入眼帘/一大片金黄色的水仙/我凝视着——凝视着——但从未去想/这景象给我带来了什么财富/我的心从此充满了喜悦/随那黄水仙起舞翩跹。"生活中不乏欢乐,欢乐还要你去用心地体会。伯特兰·罗素认为:"一个人感兴趣的事情越多,快乐的机会也越多,而受命运摆布的可能性便越少。"为了充实生活、协调身心,即使做些极为平常的小事,也是一种寄托和满足。杜甫以"细推物理须行乐,何为浮名绊此身"两句诗为准则。仔细推敲世界上万物的道理,做一些快乐的事情,做一些自己喜欢做的高兴、有益的事,不必为了一些空名而放弃了自己喜欢做的事。快乐是一种生活态度问题,真正的幸福来自内心,它不能以财富、权力、荣誉和征服来衡量。

有一个故事虽然简单,但是却蕴涵着深刻的哲理,故事说的是一个小孩认真地跑,因为他想要超越自己的影子。可是,不管他向前跳多远、跑多快,影子总是在他前面。后来,有个大人告诉他一个最简单的方法:"你只要面对太阳,影子不就跑到你的背后去了吗?"

是啊,面对光明,阴影永远在我们身后。人生在世困难、挫折、不如意、失恋、破产、疾病、死亡等种种困扰要挡也挡不住,想躲也躲不开,而且,你越是想躲开,它们就好像离你越近,老是缠着你,不让你脱身,不让你到欢乐的人群中去,不让你享受生命的欢乐。为什么不像小孩一样勇敢地去面对困扰呢?"是非成败转头空",但历程永恒。总是计算得到多少失去多少,未免狭隘。

从无数成功人士的奋斗历程中我们可以得出:成功是由那些抱有积极心态的人所取得的,并由那些以积极的心态努力不懈的人所保持。拥有积极的心态,即使遭遇困难,也可以获得帮助,事事顺心。

生命本身是短暂的,但是为什么有的人过得丰富多彩,充满朝气和进取精神,有的人却生活得枯燥无味,没有一点风光和活力? 生活也许是一支笛、一张锣,吹之有声,敲之有声,全看你是不是积极去吹去敲,去创造自己生活的节奏和旋律。有人说,我不会吹、不会敲怎么办,积极的人会告诉你,不吹白不吹,不敲白不敲,消极等待只能浪费生命。是的,活在世上,何必等待,何必懒惰。等待等于自杀,懒汉也并不能延长生命的一分一秒。

让我们来看看拥有积极心态的人们的特质:

拥有积极心态的人身上永远洋溢着自信,他们会用自己行动告诉你:要有信心,信心是你无限魅力的来源,要相信你自己,世界上最重要的人就是你自己,你的成功、健康、幸福、财富依靠你如何应用你看不见的法宝,那就是积极心态。所罗门国王据说是西方古代最明智的统治者。所罗门曾说:"他的心怎样思量,他的为人就是怎样。"换言之,人们相信会有什么结果,就可能有什么结果。人不可能拥有自己并不追求的成就。积极人生的至理名言是:自己掌握自己的命运,自己做自己的主人。**在人的本性中,有一种倾向:我们把自己想象成什么样子,就真的会成为什么样子。**积极的人能够掌握自己的命运。如果事情不顺利,他立刻作出反应,寻找解决办法,制定新的行动计划,并且主动寻求忠告。

世上无难事,只怕有心人,拿破仑·希尔曾经说过,把你的心放在你所想要的东西上,使你的心远离你所不想要的东西。对于那些有积极心态的人来说,每一种逆境都含有等量或更大利益的种子。有时,那些似乎是逆境的东西,其实隐藏着良机。从此,他就将把自己全部身心投入到人生的目标之中,开始排除万难,坚持不懈,直到获得成功为止。

一个拥有积极心态的人另一个突出的表现就是他的投入,一切的一切,关键就在于投入,投入才能获得愉快。看一场球就想自己去打一场,做一顿饭一定做得有色有味,进行一项实验就废寝忘食,写一篇文章会忘乎所以,一切都是那么吸引人,那么有趣味。为什么一定要身背三座大山上路呢?为什么一定要"风萧萧兮易水寒,壮士一去兮不复返"?何不轻装上阵,力压群雄?!更何况,付出总有回报。不懈进取的历程,积极投入人生,会使人们很快发现自己,包括自己的长处和短处,事物的阴面和阳面,从而很快确定自己的生活目标。

自觉也是积极心态的人取胜的法宝之一,积极人生是一种自觉进取的人生,自觉是一个很重要的前提。一个人珍惜自己的生命,发挥和享受自己的生命,全凭自觉的力量。有了自觉,就可能少受环境和条件的限制,在各种情况下找到生活的突破口,在没有路的地方走出一条自己的路来。

当然世间诸事并不可能一帆风顺,法拉第曾经说过:"拼命去争取成功,但不要期望一定会成功。"在看待事物时,应考虑生活中既有好的一面,也有坏一面,但强调好的一面,就会产生良好的愿望与结果。一个积极心态的人并不否认消极因素的存在,他只是学会了不让自己沉溺其中。

他常能心存光明远景。即使身陷困境,也能以愉悦和创造性的态度走出困境,迎向光明。

心灵悄悄话
XIN LING QIAO QIAO HUA

积极的人生态度是成功的催化剂,积极能使一个懦夫成为英雄,从心态柔软变为意志坚强,它使人格变得温暖活泼、富有弹性,使人充满进取精神,充满冲劲和抱负。或许我们可以从下面的生命历程中体悟积极心态的无穷力量。

成长需要积极的心理暗示

心理上的积极暗示能帮助自己走出困境。爱默生说："一个人的心情就是他整天所想的那些事。"你我所必须面对的最大问题，事实上也是我们需要应付的唯一问题——就是如何选择正确的思想。**如果我们能做到这一点，就可以解决所有的问题。**

不错，如果我们想的都是快乐的念头，我们就能快乐；如果我们想的都是悲伤的事情，我们就会悲伤；如果我们想到一些可怕的情况，我们就会害怕；如果我们想的是不好的念头，我们恐怕就不会安心了；如果我们想的全是失败，我们就会失败；如果我们沉浸在自怜里，大家都会有意躲开我们。这么说，是不是暗示对于所有的困难，我们都应该用乐观的态度去对待呢？不是的。生命不会这么单纯，不过大家应选择正面的态度，而不要采取反面的态度。换句话说，我们必须关切我们的问题，但是不能忧虑。那么关切和忧虑之间的区别是什么呢？关切的意思就是要了解问题在哪里，然后很镇定地采取各种步骤去加以解决，而忧虑却是发疯似的在小圈子里打转。

基督教信仰疗法的创始人玛丽·贝克·艾迪当时认为生命中只有疾病、愁苦和不幸。她的前任丈夫，在婚后不久就去世了，第二任丈夫又抛弃她。她只有一个儿子，却由于贫病交加，不得不在他四岁那年就把他送走了。她不知道儿子的下落，以后有三十一年之久，都没有再见到他。因为她自己的健康情形不好，而她一直对所谓的"信心治疗法"极感兴趣。可是她生命中戏剧化的转折点，却发生在麻省的理安市。一个很冷的日子，她在城里走着时，突然滑倒了，摔倒在结冰的路面上，当场昏了过去。她的脊椎受到了伤害，使她不停地痉挛，医生甚至认为她活不久了。医生还说，即使奇迹出现，她也无法再走路了。

躺在苍白阴凉的病床上，玛丽·贝克·艾迪打开《圣经》。她后来说，她读到马太福音里的句子："有人用担架抬着一个瘫子到耶稣跟前来,耶稣对瘫子说,放心吧,你的罪赦了……起来,拿你的褥子回家去吧。那人就站起来,回家去了。"

她后来说,耶稣的这几句话使她产生了一种力量,一种信仰,一种能够医治她的力量,使她立刻下了床,开始行走。"这种经验,"艾迪太太说,"就像引发牛顿灵感的那个苹果一样,使我发现自己怎样好了起来,以及怎样能使别人做到这一点。我可以很有信心地说:**一切的原因就在你的思想,而一切的影响力都是心理因素。**"

我们内心的平静,和我们由生活所得到的快乐,并不在于我们在哪里,我们有什么,或者我们是什么人,而只是在于我们的心境如何,与外在的条件没有多少关系。当你被各种烦恼困扰着,整个人精神紧绷的时候,你可以凭自己的意志力,改变你的心境。这可能要花一点力气,可是秘诀却非常简单。信心与意志是一种心理状态,是一种可以用自我暗示诱导和修炼出来的积极的心理状态!成功始于觉醒,心态决定命运!

成功心理、积极心态的核心就是自信主动意识,或者称作积极的自我意识,而自信意识的来源和成果就是经常在心理上进行积极的自我暗示。反之也一样,消极心态、自卑意识,就是经常在心理上进行消极的自我暗示。就是说,不同的意识与心态会有不同的心理暗示,而心理暗示的不同也是形成不同的意识与心态的根源。所以说心态决定命运,正是以心理暗示决定行为这个事实为依据的。

人与人之间本来只有很少的差异,但这很小的差异却往往造成了巨大的差异! 巨大的差异当然决定了是成功、幸福,还是平庸、不幸。而原本很小的差异就是凡事所采取的心理暗示不同。所以说,两种不同的心理暗示必然会产生两种不同的结果。

根据大自然的构造,人类完全能够控制经由各种感觉器官进入潜意识的各种信息刺激和物质力量的诱惑。但是,这并不等于说人们随时随地能够经常地运用自己的控制力,而在绝大多数情况下,许多人并不运用这种控制力。如果人们都能主宰自己,怎么会有那么多人心态消极,一生郁闷呢?潜意识就像一块肥沃的土地,如果不在此播下成功意识的良种,就会野草丛生,一片荒芜。自我暗示就是播撒什么样的种子的控制媒介,一个人可以经由积极的心理暗示，自动地把成功的种子和创造性的思想灌输到潜意识的大片沃土中。相反，也可以灌输消极的种子或破坏性的思想，而使潜意识这块肥沃的土地野草丛生。**坚持心理上积极的自我暗示，对个人获得成功是非常重要的。**

第一、通过心理暗示的作用，把树立成功心理、发展积极心态这个总原则变成了可以具体操作的方式和手段了。就是说，转变意识、发展积极心态，就要从心理上的自我暗示做起。

第二、心理暗示是人的自我意识中"有意识"和潜意识之间的沟通媒介。人的思想行为不可能一切都要有意识地选择和控制，通过经常持久的积极暗示，让自信的电流与潜意识主动接通，这才是真正的具有巨大魔力的自我意识。

第三、由于心理暗示的内容是具体的、实际的，所以坚持积极的自我意识也就必然要选择确立自己的目标，而且主要的目标将渗透在潜意识中，作为一种模型或蓝图支配你的生活和工作。

第四、通过心理暗示这个具体实际、可以操作的环节，**我们能把内容复杂的成功心理学融会贯通，化作简单明确而又坚定不移的信心和意志，并且可以立刻行动。**

正因为心理暗示能够直接支配影响你的行动，所以，"自我意识决定你有无发展、能否成功"这句话就变得更加实在了。

然而，在实际生活中，怎样通过心理暗示，使所有遇到的事情和工作都符合自己的兴趣呢？请看看下面这位打字小姐是怎么做的。

这位小姐在俄克拉荷马州托沙城的一个石油公司工作。最使她乏味的是，每个月要花几天的时间，填写一份塞满了统计数字的报表。怎么使这令人厌烦的工作变得有意思呢？她决定每天早上所填的数量，尽量在下午去打破自己的纪录，然后再点清一天所做的总数，第二天想办法再打破前一天的纪录。结果，她很快地把那乏味的报表填完了。她这样做，是为了得到赞扬吗？不是；是为了得到感谢吗？不是；是为了加薪或者提升吗？也不是。她只是为了尽快地把没有意思的工作很有意思地去完成。这样，她就省下了不少精力休息，她也就有了更多的快乐。

下面又是一位打字小姐，她做得更妙：把没有意思的工作，假设为很有

意思,结果却得到了意想不到的报偿。她的名字叫维莉·哥顿,住在伊利诺伊州爱姆霍斯特城坎尼华斯大道四百七十三号。关于她的故事,是她亲自写信告诉卡耐基的。

"我们办公室有四个打字小姐,仍然常常忙得不可开交。有一天,副经理一定要我把一封长信重新打一遍。我告诉他,只要改一改就可以了,不一定要重打。他却对我说,如果我不愿意重打,他就去找愿意打的人来打。我简直快气晕了。但是我想到,如果我不打,就会有很多人来抓住这个机会,代替我的工作位子,何况人家给我薪水,就是要我做这项工作的。

于是,我便在潜意识里让自己喜欢这项工作,高高兴兴地做。奇怪的是,这样一假设,我好像真的喜欢这项工作了,速度也加快了不少。这个发现,使我改变了过去的工作态度,大家都认为我是一个很不错的职员。后来有一位主管需要私人秘书,就让我去担任了那个新的职务。"

哥顿小姐最后问卡耐基:"这件事是不是可以证明,心理状态转变所产生的力量呢?"回答当然是肯定的。如果生活中的每个人都做到了这一点,我们也会真的变得快乐起来。因此,经常地为自己做积极的心理暗示,对克服忧虑是相当必要的。

心灵悄悄话
XIN LING QIAO QIAO HUA

一个人的命运是由自我意识决定的,这句话的含义就包括了潜意识。因为积极的心理暗示要经常进行,长期坚持,这就意味着积极的自我暗示能自动进入潜意识,影响意识。只有潜意识改变了,才会成为习惯。潜意识就是已经习惯成自然,不用有意控制的心理活动。

微笑着成长

当不幸的事情发生以后，如果有一千个理由哭泣，那我们更要找出一万个理由微笑。

人生在世，必有挫折，必有不幸，也必有痛苦。如果只是一味地沉湎于痛苦之中，那么生活便如同荒凉沙漠一般毫无生趣。一旦遭遇挫折与不幸，尽快从痛苦里解脱出来，你才能继续快乐坚强地生活。

要知道，任何一件事都有两面，如果只看到坏的一面，那就会使自己越来越绝望。如何让自己灰暗的心境变得明亮起来呢？

美国总统罗斯福的一个故事或许能给你一点启示。有一次，罗斯福家里失盗了，一个朋友得知后写信安慰他，罗斯福回信写道：

"亲爱的朋友，谢谢你来信安慰我，我现在很快乐。感谢上帝：第一，贼偷的是我的东西，而没有伤害我的生命；第二，贼只偷了我的部分东西，而不是我的全部；第三，做贼的是他，而不是我。"

在《格林童话》里，有这样一个故事：

有个老太太死了儿子，每天以泪洗面，非常悲痛。

有一天，她问神父："您能不能让我的儿子复活？"

神父答道："当然可以！你拿1个碗，一家一户地去乞讨，如果哪家没死过人，你就请那家给你1粒米；当你乞讨到10粒米的时候，你的儿子就可以复活了。"

听了这话，老太太很高兴，赶紧出去乞讨。

但她乞讨很久，竟发现没有哪一家没死过人，所以，她1粒米也没讨到。

这时，老太太才明白，原来亲人的不幸去世是任何一家都无法逃避的事情。于是，老太太从悲痛中走出来，愉快地安度晚年。

人生总会遇到各种事情。我们从中感觉到的究竟是欢乐还是痛苦，取

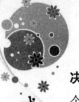
决于我们看待事物的角度。同一件事,从这个角度来看,或许是灾难,换一个角度看,可能就是一种幸运了:

如果火柴在你的口袋里燃烧起来,那你应该感到高兴,幸亏你的口袋不是火药库;

如果你的手指扎了根刺,那你也应该感到高兴,幸亏这刺不是扎在你的眼睛里;

如果你的妻子背叛了人,那你应该高兴,幸亏她背叛的是你,而不是你的国家。

这段话告诉我们:当不幸的事情发生以后,如果有一千个哭泣的理由,那我们更要找出一万个微笑的理由。

成功的大门,只向意志坚强、勤奋努力的人敞开着。

有这样一个故事:

巴黎科尼克亚购物中心装潢完毕,很快就要开张了。但是,总经理西奥多却犯愁了:因为导购小姐的工作装的款式一直没有定下来。要知道,在以时装闻名的巴黎,服务小姐着装是非常重要的,一定要富有特色才行。

七家服装公司送来的竞标样式,尽管都设计得既简洁美观又富有特色,但他总觉得里面缺了点什么似的。

怎么办呢? 他打电话向他的老朋友——世界著名时装设计大师诺·布鲁尔征询意见。

这位 83 岁的资深时装设计师听完后,笑道:"其实只要面带笑容,穿什么并不是那么重要。"

西奥多顿时茅塞顿开,马上命人退掉了服装公司送来的服装样品。

现在,科尼克亚已经发展成为巴黎十大购物中心之一,也是巴黎少数几家没有统一着装的购物中心。

在这里,既有身着漂亮芭蕾舞裙的导购小姐,也有脚蹬溜冰鞋的售货员,而最引人注目的是,是她们脸上始终如一的迷人的微笑以及被公认为世界一流的服务。

与人初见,面露微笑,会使人顿生好感;见到老朋友,点头微笑,会使关系更加亲切。生活中,碰倒别人的东西或踩了别人的脚,微笑着说声"对不起",欲发生的争吵就会在笑影里退场;在陌生场合遇到陌生的人,给对方微笑,会让彼此放轻松无拘束;面对自卑的人,微笑带给他鼓励和自信;面对亲人,微笑会营造一份幸福的氛围;面对爱人,微笑是爱的惬意;面对朋友,微笑是一份默契;面对客人,微笑让人有一种宾至如归的感觉;面对困难和痛苦,微笑让人坚强。

微笑是装不出来的,真正的微笑是发自内心,表里如一,毫无包装的,是愉悦的,是散发出温暖善良的光芒而又令人感动、令人倾心的。

这样的微笑,才是"走遍世界的通行证"。

不要在羡慕他人时,轻视自己,你羡慕的人也许正在羡慕你。羡慕别人不如挑战自己!

心灵悄悄话
XIN LING QIAO QIAO HUA

微笑,是一种令人感觉愉快的面部表情。世界各民族普遍认同微笑是基本笑容或常规表情。因此有位哲人说:微笑是走遍世界的通行证。无论男女老少,只要是发自内心的微笑,就会有一种温暖的气质。儿童的微笑活泼可爱,青年人的微笑青春朝气,中年人的微笑成熟端庄,老年人的微笑豁达从容。

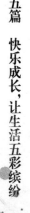

第五篇

快乐成长,让生活五彩缤纷

让成长的心灵开满花朵

请相信,在不停地翻过无数座山后,在一次次战胜失败后,你终会攀上这样一个山顶,那是一个全新的世界,在一瞬间照亮你的眼睛。

古人云:"**贫贱是苦事,能善处者自乐;富贵是乐境,不善处者更苦。**"意思是:

一是快乐人皆有之,其多与少,在于寻找与开拓而已。

心境沮丧者认为:有太阳的时候,也可能下雨;善于自乐者认为:下雨的时候,也可能出太阳;达观者则认为:嘀!太阳雨更美!

在他们眼里,雨也罢,晴也罢,都是人生的风景。

二是快乐是一种感觉。

图安逸者感觉不到艰苦劳动者身心充实的乐趣;好索取者不知奉献过程中人的价值实现的崇高之乐。有人视清贫为苦,有人却在清贫中品味到人生的纯真情趣。

三是快乐是一种角度。

从这边看是痛苦,换一边看未尝不是幸福。被针刺到手时,其快乐在于它没有刺伤眼睛。

自觉保持快乐的心境是一门生活艺术。对同样的事和物,用"春风桃李花开日"的积极、乐观的利导思维看,还是用"秋雨梧桐叶落时"的消极、悲观的弊导思维看,结果完全不同,它在很大程度上取决于人的情绪。

上帝把一捧快乐的种子,交给了幸福之神,让她到世间去撒播。

临行前,上帝仍不放心地问:"你准备把它们藏到什么地方呢?"

幸福之神胸有成竹地回答说:"我已经想好了,我准备把这些种子藏在最深的海底,让那些寻找快乐的人,只有经历过大海的洗礼后,才能找到它。"

听后，上帝微笑着摇了摇头。

幸福之神思考了一会儿，才继续说："那我就把它们藏在高山底下吧，让寻找快乐的人，通过磨茧的手掌来证明它们的存在。"

上帝听了之后，还是摇了摇头。

此时，幸福之神已经茫然无措了。

上帝意味深长地说："你选择的这两个地方都不安全啊——你应该把这些快乐的种子藏到每个人的心里去，只有那里才是不容易被发现的。"

正如古诗曰："春有百花秋有月，夏有凉风冬有雪，若无闲事在心头，人生都是好季节。"

"要想人生快乐，就得让内心开花。"一个人只有让心田的快乐之花璨然盛开，才能放飞春天般的心情，保持人生的灿烂。

只有将自己心中那杯已长满青苔的死水倒掉，才能在学习的过程中，注入清洌的甘泉，取得优秀的成绩。

我抱定这样的态度，那么一切都将变得无比美好。

善于站在别人的立场上为他人着想，你的身边就会聚集更多的人，人们也更加愿意同你交往，你的朋友就多，人生也会越来越丰富和顺畅。

从前，有两台制造香肠的机器，专门用来将猪肉转制成鲜美的香肠。

其中，有一台机器一直保持着对猪肉的热情，从而生产了无数的香肠；另一台则说："猪肉与我何干？我自己的身体比任何猪肉都有趣，都神奇。"

它拒绝了猪肉，并把工作转向研究自己的内部构造。而没有了猪肉的供应，它的内部便停止了运转。

它越是研究，这内部对它来说似乎越发地空虚和愚蠢，所有那些曾经美妙运转过的部件，现在都纹丝不动了。

它不明白，这些机器部件究竟能干什么呢？

如果说第一台制肠机像是一个对生活保持着热情的人，那么，第二台制肠机就像是一个失去热情的人。

我们的心灵也是一部奇异的机器，如果缺乏热情，它便会变得软弱无力。当我们接触到一个新事物时，我们常常会被问道："你有兴趣吗？"不要以为这只是随口问出的一个问题，兴趣在一定程度上就显示了你是否有热情。

那么热情是什么？它到底有多重要？

历史上任何伟大的成就都可以称为热情的胜利。没有热情，不可能成就伟业，因为无论多么恐惧、多么艰难的挑战，热情都赋予它新的含义。没有热情，我注定要在平庸中度过一生；而有了热情，我将会创造奇迹。

热情是世界上最大的财富。它的潜在价值远远超过金钱与权势。热情摧毁偏见与敌意，摒弃懒惰，扫除障碍。我认识到，热情是行动的信仰，有了这种信仰，我们就会无往不胜。

热情可以移走城堡，使生灵充满魔力。它是真诚的特质，没有它就不可能得到真理。就我的未来而言，热情比滋润麦苗的春雨还要有益。

我不再把生活中的付出当作辛劳，因为这样一来，工作便是迫不得已的苦差，伴随着无休无止的忍受。相反，让我忘记生活的艰辛，用旺盛的精力、充分的耐心和良好的状态去迎接每天的工作。

有一个故事：

上帝垂怜两个刚刚失去父母的孩子，把他们叫到跟前，慈爱地说："我要传授你们本领，让你们靠本领去生活。你们想学什么本领？"

哥哥说："我想做一名伟大的潜水员。"

弟弟说："请授予我精湛的医术。因为我的父母死于瘟疫，我要用这项本领拯救那些可怜而无辜的病人。"

上帝满足了他们的愿望，并给他们一道符咒，当他们遇到困难的时候，仍然有两次求助的机会。

哥哥做了一段时间的潜水员后，有点厌倦了，就开启那道符咒，请求上帝让他当飞行员。结果只学了点皮毛，他又觉得在天上飞和在水里游一样无趣，于是再一次请求上帝让他当火车司机。上帝仍然微笑着满足了他。

这次时间更短，甚至不到一个礼拜就放弃了，他受不了火车没日没夜的轰鸣声。可是，等他再次开启符咒时，他突然发觉，他已经没有向上帝求助的机会了。他变得一无所有。

哥哥只好去找弟弟帮忙。令他不敢相信的是，弟弟已经拥有了一座别墅，一座医院。

哥哥不解地问："难道你没有向上帝进行第二次求助吗？"

弟弟说："当然有。但是我每次求助的都是医学上遇到的难题。"

这个故事告诉我们,什么都想学,什么都半途而废,最终一事无成;扎扎实实地学一门自己的特长,日积月累,最终将走向成功。

社会发展到今天,分工越来越细化,相对于全面发展型人才来说,我们更需要有一技之长的专业型人才。一个人的精力是有限的,即使你的精力永远也用不完,也无法完成一件事情的所有环节,因为我们还需要效率。每个人都有自己的特点,根据自己的特点而学会了特长,那么你的任务就是做好自己的事情,其他的事情自然会有人做,你无须操心。

因此,最重要的是:在人生的每一个阶段,我们必须清楚自己喜欢什么,不喜欢什么;能做什么,不能做什么。然后朝着你认定的方向努力,虽然会有很多挫折,但你始终是前进的。

如果你认不清自己,什么都想做,又不知道做什么好,在十字路口左右徘徊,刚前进了一段路,又折回来,朝另外一个方向出发,不多久发现又不合适,又返回来,如此这般,人生到底经得起多少次这样的折腾呢?

在法律和道德允许范围内,敢于想别人所不敢想,做别人所不敢做,为别人所不敢为,这就是胆量。

心灵悄悄话
XIN LING QIAO QIAO HUA

一个思想懈怠的民族是不会有未来的。"居安思危"——我们永远都要有这样的意识。只有这样,我们才不会遭遇螳螂那样的命运!绕树三匝,并非枝枝可依。找准自己的位置,找到适合自己依附的"枝头",生命的价值才能实现。

第五篇　快乐成长,让生活五彩缤纷

第六篇 读懂成长，坦然面对生活

要取得成功，信念是一种巨大的动力，它可以推动你去做别人认为不可能成功的事情。从理论上讲，大黄蜂"应该"无法飞行。它的体重太沉，而翅膀又太轻。从气体动力方面来说，它飞行是不可能的。然而大黄蜂不知道这样的"事实"——所以它飞起来了。

没有了双腿行走，就用翅膀飞翔吧。成功并不取决于工具，而在于态度——只要带着热烈的信念和热切的追求。记住那句话："心有多远，就能飞多远。"也许当自制力从你的心中产生时，就会多一份约束；但请你相信，自制力是事业成功的必要条件。

用数学概念解读成长

当我们怕被闪电打死、怕坐的火车翻车时,想一想发生的平均率,至少会把我们笑死。

我从小就生长在密苏里州的一个农场里。有一天,在帮助母亲摘樱桃的时候,我开始哭了起来。妈妈说:"嘉里,你哭什么啊?"我哽咽着回答道:"我怕会被活埋。"

那时我心里充满了忧虑。暴风雨来的时候,我担心被闪电打死;日子不好过的时候,我担心东西不够吃;另外,我还怕死后会进地狱;我怕一个叫詹母怀特的大男孩会割下我的两只大耳朵——像他威胁过我的那样。我忧虑,怕女孩子在我脱帽向她们鞠躬的时候取笑我;我忧虑,怕将来没有一个女孩子肯嫁给我;我还为结婚以后我该对我太太说的第一句话是什么而操心。我想象我们会在一间乡下的教堂里结婚,会坐在一辆上面垂着流苏的马车回到农庄……可是在回农庄的路上,我怎么能够一直不停地跟她说话呢?该怎么办?怎么办?我在犁田的时候,经常花几个钟点在想这些问题。

日子如流水一般地过去,我渐渐发现我所担心的事情里,有百分之九十九根本就不会发生。比方说,像我刚刚说过的,我以前很怕闪电。可现在我知道,随便在哪一年,我被闪电击中的机会,大概是三十五万分之一。

我怕被活埋的恐惧,更是荒谬得很。我没有想到——即使是在发明木乃伊以前——在一千万个人里可能只有一个人被活埋,可是我以前却曾因为害怕这件事而哭过。

每八个人里就有一个人可能死于癌症,如果我一定要发愁的话,我就应去为得癌症的事情发愁——而不应去愁被闪电打死,或者是遭到活埋。

我刚刚谈的都是我在童年和少年时所忧虑的事。可是我们很多成年人的忧虑,也几乎一样的荒谬。**要是我们停止忧虑的时间够长,我们将会根据**

平均率评估我们的忧虑究竟值不值得，如此一来，我想就应该可以把我们的忧虑去掉十分之九了。

全世界最有名的保险公司——伦敦的罗艾得保险公司——就是靠大家对一些根本很难得发生的事情担忧，而赚进了几百万元。伦敦的罗艾得保险公司是在跟一般人打赌，说他们所担心的灾祸几乎永远不可能发生。不过，他们不把这叫作赌博，他们称之为保险，实际上这是以平均率为根据的一种赌博。这家大保险公司已经拥有两百年的历史了，除非人的本性会改变，它至少还可继续存在五千年。而它只是替你保鞋子的险，保船的险，利用平均率来向你保证那些灾祸发生，并不像一般人想象的那么常见。

如果我们检查一下所谓的平均率，将会因我们所发现的事实而惊讶。比方说，如果我知道在五年之内，我就得打一场盖茨堡战役那样惨烈的仗，我一定会被吓坏的。我一定会想尽办法去加保我的人寿险；我会写下遗嘱，把我所有的财物变卖一空。我会说："我大概没办法撑过这场战争，所以我最好痛痛快快地过剩下的这些年。"但是事实上，根据平均率，在和平时期，五十岁到五十五岁之间，每一千个人里死去的人数，和盖茨堡战役里十六万三千士兵每一千人里阵亡的人数相同。

有一年夏天，我在加拿大洛基山区里弓湖的岸边遇见了何伯特·沙林吉夫妇。沙林吉太太是个很平静、沉着的女人，给我的印象是：她从来没有忧虑过。有一天夜晚，坐在熊熊的炉火前，我问她是否曾因忧虑而烦恼过。"烦恼？"她说，"我的生活都差点让忧虑给毁了。"

在我学会征服忧虑以前，我在忧虑的折磨中生活了十一个年头。那时我脾气非常坏，很急躁，每一天都生活在紧张的情绪中。每个礼拜，我要从在圣马提奥搭公共汽车到旧金山去买东西。

可就算在买东西的时候，我也愁得要命——也许我又把电熨斗放在了熨衣板上；也许房子会烧起来；也许我的女佣人跑掉了，丢下了孩子们；也许他们骑着脚踏车出去，被汽车撞死了。

我买东西的时候，经常因这些念头而弄得冷汗直冒，冲出店去，搭上公共汽车回家，看看是否一切都很好。难怪我的第一次婚姻没有结果。

"我的第二任丈夫是一个律师——一位很平静、事事都能够加以分析的人，他从来没有为任何事情忧虑过。每次我神情紧张或焦虑的时候，他总会对我说:'不要慌,让我们好好地想一想……你真正担心的到底是什么呢?让我们看一看平均率,看看这种事有没有可能会发生。'"

"举个例子来说,我还记得有一次,那是在新墨西哥州。我们从阿布库基开车到卡世白洞窟去,经过一条土路,在半路上碰到了一场非常可怕的暴风雨。

"车子直打滑,没办法控制。我想我们一定会滑到路边的沟里去,可是我的先生却一直不停地对我说:'我现在开得很慢,不会出什么事的。即使车子滑进了沟里,根据平均率,我们也不会受伤。'他的镇定和信心感染了我,使我也平静下来。

"有一个夏天,我们到加拿大的洛基山区托昆谷去露营。有天晚上,我们的营帐扎在海拔七千尺高的地方,暴风雨不期而至,好像要把我们的帐篷给吹成碎片。帐篷是用绳子绑在一个木制的平台上,它在风里抖着,摇着,发出尖厉的声音。我每一分钟都在想:我们的帐篷会被风雨刮走,刮到天上去。我当时真的是吓坏了,可是我先生不停地说着:'我说,亲爱的,我们有好几个印第安向导,这些人对一切都知道得非常清楚。他们在这些山地里扎营,都扎了有六十年了,这个营帐在这里也过了许多年,到现在还没有被刮掉。根据平均率来看,今晚上也不会被刮掉。即使被刮掉的话,我们还可以躲到另外一个营帐里去,不要紧张。'……我的心情放松了,结果那后半夜睡得非常熟。

"几年以前,小儿麻痹症横扫过美国加利福尼亚州我们所住的那一带。要是在以前,我一定会惊慌失措、惶惶不可终日。可是我的先生叫我保持镇定,我们尽可能采取了所有的预防方法:不让孩子们出入公共场所,暂时不去上学,不去看电影。在和卫生署联络过以后,我们得知,到目前为止,即使是在加州发生过的最严重的一次小儿麻痹症流行时,整个加利福尼亚州也只有 1835 个孩子染上了这种病。不太严重的流行时,只在两百到三百之间。虽然这些数字听起来还是非常惨,可是到底让我们感觉到:根据平均率看起来,一个孩子感染的机会实在是太少了。

"'根据平均率,这种事情不会发生',这一句话就消灭了我百分之九十的忧虑。我过去二十年来的生活,过得意想不到的那样美好和平静都因这一句话的力量。"

回顾过去的几十年时,我发现我大部分的忧虑也都是因此而来的。詹姆·格兰特告诉我,他的经验也是如此。他是纽约富兰克林市场的格兰特批发公司的大老板。每次他要从佛罗里达州买十车到十五车的橘子等水果。他告诉我,他以前经常想到很多无聊的问题,比方说,万一火车出了事怎么办?万一水果滚得满地都是怎么办?万一我的车子正好经过一座桥,而桥突然断了怎么办?当然,这些水果都是经过保险的,可是他还是怕万一他没按时把水果送到,就可能失去他的市场。他甚至忧虑过度而得了胃溃疡,因此去找医生检查。医生告诉他说,他没有别的毛病,只是过于紧张了。

"这时候我才明白,"他说,"我开始问我自己一些问题。我对自己说,'注意,詹姆·格兰特,这么多年你已经批发过多少车的水果?'答案是:'大概有两万五千多车。'然后我问我自己:'这么多车里有多少次出过车祸?'答案是:'噢——大概有五部吧。'然后我对我自己说:'一共两万五千部车子,只有五部出事,你知道这是什么意思?比率是五千分之一。换句话说,根据平均率来看,以你过去的经验为基础,你车子出事的可能率是五千比一,那么你还担心什么呢?'

"然后我对自己说:'嗯,桥说不定会塌下来。'然后我问我自己:'在过去,你究竟有多少车是因塌桥而损失了呢?'答案是:'一部也没有。'然后我对我自己说:'那你为了一座根本没塌过的桥,为了五千分之一的火车失事的机会居然让你忧愁成疾,不是太不值了吗?'

"当我这样来看这件事的时候,"詹姆·格兰特告诉我,"我觉得以前我自己真的太傻了。于是我就在那时决定,以后让平均率来替我担忧——从那以后,我就再也没为我的'胃溃疡'烦恼过。"

埃尔·史密斯在纽约当州长的时候,我常听到他对攻击他的政敌说:"让我们看看记录……让我们看看记录。"然后他就把很多事实讲出来。下一次你若再为可能发生什么事情而忧虑,最好学一学这位聪明的老埃尔·史密斯,查一查以前的记录,看看你这样的忧虑到底有没有道理。这也正是当年佛莱德雷·马克斯塔特害怕自己躺在散兵坑里的时候所做的事情。下面就是他在纽约成人教育班上所说的故事。

1944年的6月初,我躺在奥玛哈海滩附近的一个散兵坑里。当时我正在999信号连服兵役,而我们刚刚抵达诺曼底。我看到了地上那个长方形的散兵坑,就对自己说:"这看起来就像一座坟墓。"当我准备睡在里面的时候,更觉得那就是一座坟墓,我忍不住对我自己说:"也许这就是我的坟墓了。"在晚上十一点钟的时候,德军的轰炸机开始飞了过来,炸弹纷纷地往下落。我吓得呆若木鸡。前三天我根本就睡不着。到了第四天还是这样。第五天夜里,我几乎精神崩溃了。我知道要是不赶紧想办法的话,我整个人就会疯掉。所以我提醒自己说:已经过了五个夜晚了,我还是活得好好的,而且我们这一组的人也都活得很好,只有两个受了轻伤。他们之所以受伤,并不是因被德军的炸弹炸到了,而是被我们自己的高射炮的碎片打中。我决定做一些有建设性的事情来制止我的忧虑,所以在我的散兵坑上制造了一个厚厚的木头屋顶,来保护我自己不至于被碎弹片击中。我计算了我这个单位伸展开来所能到达的最远地方,告诉我自己:"只有炸弹直接命中,我才有可能被打死在这个又深又窄的散兵坑。"于是我算出直接命中的比率,还不到万分之一。这样子想了两三夜以后,我平静了下来,后来就连敌机来袭的时候,我也睡得非常安稳。

心灵悄悄话
XIN LING QIAO QIAO HUA

　　与人交流,既能得到最新的信息,又能阐述自己的观点;既能吸取鲜活的思想,又能得到一些启迪;既能找到志趣相投者,又能锻炼自己的表达能力。常与人交流,可以使人机智。哲学家毕达哥拉斯底说:没有朋友可以倾诉心事的人,可以说是吃自己心的野人。由此可看出与人交流对于我们的重要性。当然,除了与人交流,还可以与自己交流,也可以与书本,与自然进行交流。

第六篇　读懂成长,坦然面对生活

坦然承受一切事实

对必然的事轻快地承受，就像杨柳承受风雨，水接受一切容器，我们也要承受一切事实。

小时候的一天，我和几个小朋友一起，在北密苏里州一间荒芜的老木屋的阁楼上玩。从阁楼下来的时候，我先在窗栏上站了一会，然后往下跳。我左手的食指上带着一个戒指。在我跳下去的时候，戒指勾住了一根钉子，把我整根手指头拉掉了。

我害怕极了，尖声地大叫着，以为自己死定了，可是在我的手好了以后，我就再也没有为这个烦恼过。烦恼又有什么用呢？我接受了这个不可回避的事实。

现在，我几乎根本就不会去想，我的左手只有三个手指头和一个大拇指。

几年前，我遇到一个在纽约市中心一家办公大楼里开运货电梯的人。我注意到他的左手被齐腕砍断了。我问他失去了那只手会不会觉得难过，他说："噢，不会，我根本就不会想到它。只有在要穿针的时候，才会想到这件事。"

如果有必要的话，我们差不多都能接受任何一种情况，使自己适应，然后就整个忘了它。我常常想起刻在阿姆斯特丹一座十五世纪老教堂的废墟上的一行字："事情是这样，就不会是别样。"

在漫长的岁月中，我们难免会碰到一些令人不愉快的事情，它们既是这样，就不可能是别样。我们也可以有所选择。我们可以把它们当作一种不可避免的情况加以接受，并且适应它，否则我们只有用忧虑来毁掉我们的生活，甚至最后可能会弄得精神崩溃。

我最喜欢的哲学家威廉·詹姆斯曾给过我们这样的忠告："要乐于承认

事情就是这样的情况。"他说:"**能够接受发生的事实,就是能克服随之而来的任何不幸的第一步。**"住在俄勒冈州波特南的依莉沙白·康黎,却是经过很多困难才学到这一点的。下面是一封她不久前写给我的信:"在美国庆祝陆军在北非获胜的那一天,"那封信上说,"我收到由国防部送来的一封电报,我的侄儿——我最爱的一个人——在战场上失踪了。过了不久,另外一封电报说他已经死了。

"我悲伤得无以复加。在那件事发生以前,我一直觉得生命对我不错,我有一份理想的工作,努力带大了这个侄儿。在我眼里,他代表了年轻人美好的一切。我觉得我以前的努力,现在都得到了很好的收获……然而却来了这通电报,我整个的世界都破碎了,觉得再也没有什么值得我留恋人生。我开始忽视我的工作,忽视我的朋友,我抛开了一切,既冷漠又怨恨。

为什么我最爱的侄儿会死?为什么这么好的孩子——还没有开始他的生活——为什么他应该死在战场上?我没有办法接受这个事实。我悲伤过度,决定放弃工作,离开家乡,把自己隐藏在眼泪和悔恨之中。

"就在我清理桌子,准备辞职的时候,突然看到一封我已经忘了的信——一封从我那个已经死了的侄儿那里寄来的信。是几年前我母亲去世的时候,他写来给我的一封信。'当然我们都会想念她的,'那封信上说,'尤其是你。不过我知道你会撑过去的,以你个人对人生的理解,就能让你撑得过去。我永远也不会忘记你教我的那些美丽的真理:无论活在哪里,无论我们分离得有多么远,我都会永远记得你教我要微笑,要像一个男子汉,能承受一切发生的事情。

"我反复地读着那封信,觉得他似乎就站在我的眼前,正在向我说话。他好像在对我说:'你为什么不照你教给我的方法去做呢?撑下去,不论发生什么事情,把你的悲伤藏在微笑底下,继续过下去。'"于是,我再回去工作。我不再对人冷淡无礼。我一再地对自己说:'事情到了这个地步,我没有能力去改变它,不过我能够像他所期望的那样继续地活下去。'我把所有的思想和精力都用到工作上,我写信给前方的士兵——给别人的儿子们;晚上,我参加了成人教育班——要找出新的兴趣,结识新的朋友。我几乎不敢相信发生在自身的种种变化。我不再为已经永远过去的那些事悲伤,现在我每天的生活里都充满了快乐——就像侄儿要我做到的那样。"

第六篇 读懂成长,坦然面对生活

伊丽莎白·康黎,学到了所有人迟早都要学到的事情,就是**我们必须接受和适应那些无可回避的事。**

这不是很容易学会的一课。就连那些高高在上的皇帝们,也要经常提醒自己这样做。已故的乔治五世,在他白金汉宫的房里墙上挂着下面的这几句话:"教我不要为月亮哭泣,也不要因事后悔。"

同样的这个想法,叔本华是这样说的:"能够顺从,就是你在踏上人生旅途中最重要的一件事。"

很显然的,环境本身并不能使我们快乐或不快乐,只有我们对周围环境的反应才能决定我们的感觉。

在必要的时候,我们都能够忍受得住灾难和悲剧,甚至胜过它们。我们也许会以为我们办不到,但我们内在的力量却坚强得惊人,只要我们肯加以利用,我们就能克服一切。

已故的布斯·塔金顿总是说:"人生加之于我的任何事情,我都能接受,除了一样,就是瞎眼。那是我永远也无法忍受的。"

但是这种不幸偏偏地降临了,在他六十多岁的时候,他低头看地上的地毯,彩色整个是模糊的,他无法看清楚地毯的花纹。他去找了一名眼科专家,发现了那不幸的事实:他的视力在减退,有一只眼睛几乎全瞎了,另一只也好不了多少。他最怕的事情,终于发生了。

塔金顿对这种"无法忍受"的灾难有何反应呢?他是否觉得"这下完了,我这一辈子到这里就完了"呢?没有,他自己也没有想到他还能觉得非常开心,甚至于还能运用他的幽默。

以前,浮动的"黑斑"令他很难过,它们时时在他眼前游过,遮断他的视线,可是现在,当刃陛最大的黑斑从他眼前晃过的时候,他却会说:"嘿,又是老黑斑爷爷来了,不知道今天这么好的天气,它要到哪里去。"

当塔金顿完全失明后,他说:"我发现我能承受视力的丧失,就像一个人能够承受别的事情一样。要是我五种感官全丧失了,我知道我还能够继续生存在我的思想里,因为**我们只有在思想里才能够看,只有在思想里才能够生活,无论我们是否知道这一点。**"

塔金顿为了恢复视力,在一年以内接受了十二次手术,为他动手术的是当地的眼科医生。

他没害怕,他知道这都是必要的,他知道他没有办法逃避,所以唯一能减轻他痛苦的办法,就是爽爽快快地去接受它。他拒绝在医院里用私人病房,而住进了大病房中,和其他的病人在一起。他试着去使大家开心,而在他必须接受好几次手术的时候——而且他很清楚地知道在他眼睛里动了些什么手术——他总是尽力让自己去想他是多么的幸运。"多么好啊,"他说,"多么妙啊,现在科学的发展已经到了这种技巧,能为像人的眼睛这么纤细的东西动手术了。"

一般人如果经历十二次以上的手术和不见天日的生活,恐怕都会发疯、发狂了。

可是塔金顿说:"我可不愿意把这次经历拿去换一些更开心的事情。"这件事教会他如何接受,这件事使他了解到生命中所能带给他的没有一样是他能力所不及、而不能忍受的。这件事也使他领悟了富尔顿所说的:"眼瞎并不令人难过,难过的是你不能忍受眼瞎。"

即使我们因而退缩,或者是加以反抗,为它难过,也不可能改变那些不可避免的事实。可是我们可以改变自己,我知道,因为我就试过。

有一次我拒绝接受我所碰到的一个不可避免的状况,我做了一件傻事,想去反抗它,结果我失眠了好几夜并且痛苦不堪。我让自己想起所有不愿想的事情,经过一年这样的自我虐待,我最后接受了这些我早就知道的不可能改变的事实。

我应该在好几年前,就吟出惠特曼的诗句:咦,要像树和动物一样,去面对黑暗、暴风雨、饥饿、愚弄、意外和挫折。

我干了十二年放牛的工作,从来没看到哪一头母牛因为草地缺水而干枯,或者天气太冷,或者是哪头公牛追上了别的母牛而大为光火过。动物都能很平静地面对夜晚、暴风雨和饥饿。所以它们从来不会精神崩溃或是胃溃疡,它们也从来不会发疯。

这是否说,在碰到任何挫折的时候,都应该俯首帖耳呢? 不,绝不是这样,那样就成为宿命论者了。不论在哪一种情况下,只要还有一点挽救的机会,我们都要全力以赴;可是当普通常识告诉我们,事情是不可避免的——也不可能再有任何转机——那么,为了保持我们的理智,我们就不要"左顾右盼,无事自忧"。

已故的哥伦比亚大学郝基斯院长告诉我，他曾经写过一首打油诗作为他的座右铭：

> 天下疾病多，数也数不了。有的可以救，有的治不好。
> 如果还有救，就该把药找。要是没法治，干脆就忘了。

创设了遍及全国的潘氏连锁商店的潘尼曾告诉我："哪怕我所有的钱都赔光了，我也不会忧虑，因为我看不出忧虑可以让我得到什么。**谋事在人，成事在天。我尽力了，无论结果如何我都欣然接受。**"

亨利·福特也告诉我一句类似的话。"碰到我没办法解决的事情，"他说，"我就让它们自己去解决自己。"

当我问克莱斯勒公司的总经理凯勒先生，他如何避免忧虑的时候，他回答说："只要我碰到很棘手的情况，凡是想得出办法解决的，我都努力去做。要是干不成的，我就干脆的把它撇开。我从来不会为未来担心，因为，没有人能够知道未来将要发生什么事情，影响未来的因素太多了，也没有人能说这些影响都从何而来，既然这样，何必为它们担心呢？"如果你说凯勒是个哲学家，他一定会觉得非常的困窘，他只是一个很好的生意人。可是他的意思，正和19世纪以前，罗马的大哲学家依匹托塔士的理论相似。"快乐之道无他，"依匹托塔士告诫罗马人，"就是我们的意志力所不能及的事情，不必去忧虑。"

莎拉·班哈特可以算是最懂得怎样去适应那些不可避免的事实的女人了。五十年来，她一直是四大州剧院里独一无二的皇后——是全世界观众最喜爱的一位女演员。

后来，在七十一岁那年她破产了——所有的钱都失去了——而她的医生、巴黎的波基教授告诉她必须把腿锯断。事情是这样的，她在乘船横渡大西洋的时候碰到了暴风雨，摔倒在甲板上，使她的腿伤得很重，她染上静脉炎，腿痉挛，那种剧烈的痛苦，使医生觉得她的腿一定要锯掉。

单位医生有点怕去把这个消息告诉脾气非常坏的莎拉。然而，莎拉看了他一阵子，然后很平静地说："如果非这样不可的话，那就只好这样了。"这就是命运。

当她被推进手术室的时候，她的儿子站在一边哭。她朝他挥了挥手，高高兴兴地说："不要走开，我马上就回来。"在去手术室的路上，她一直背着她演出过的一幕戏里的一句。有人问她这么做是不是为了打起她自己的精神，她说："不是的，是要让医生和护士们高兴，他们心中的压力可大得很呢。"

手术完成、健康恢复后，莎拉·班哈特还继续地环游世界，使她的观众又为她痴迷了七年。

"当我们不再反抗那些不可避免的事实以后，"尔西·麦可密克在《读者文摘》的一篇文章里说，"我们就能节省下精力，创造出一个更丰富的生活。"

没有人能有足够的情感和精力，既抗拒不可避免的事实，又创造一个新的生活。你只能在这两者之间选择一个，你可以在生活中那些无可避免的暴风雨之下弯下身子，或者你可以抗拒它们而被摧折。

我在密苏里州我自己的农场上就看过这样的情景。我在农场种了几十棵树，起先它们长得很快，后来一阵冰雹过去，每一根细小的树枝上都堆满了一层厚重的冰。这些树枝在重压下并没有顺从地弯下来，却很骄傲地硬挺着，最后在沉重的压力下折断了——然后不得不被毁掉。它们并不像北方的树木那样聪明；我曾经在加拿大看到过长达好几百英里的常青树林，从来没有看见一棵柏树或是一株松树被冰或冰雹压垮。这些常青树知道怎么去顺从，怎么弯垂下它们的枝条，怎么适应那些不可避免的状况。

日本的柔道大师教他们的学生"要像杨柳一样的柔顺，不要像橡树一样的挺拒。"

你知道汽车的轮胎为什么能在路上支持那么久，忍受得了那么多的颠簸吗？最初，有的人想要制造一种轮胎，能够抗拒路上的颠簸，结果轮胎不久就被轧成了碎条；后来他们做出一种轮胎来，可以吸收路上所碰到的各种压力，这样的轮胎可以"接受一切"。如果我们在多难的人生旅途上，也能够承受所有的挫折和颠簸的话，我们就能够活得更久些，并能享受更顺利的旅程。

如果我们不吸收这些，而去抗拒生命中遇到的挫折的话，我们会将碰到什么样的事情呢？答案非常简单，我们就会产生一连串内在的矛盾，我们就会忧虑、紧张、急躁而神经质。

如果我们再进一步，抛弃现实世界的不快，退缩到一个我们自己所幻想的梦幻世界里，那么我们就会精神错乱、心神失调了。

在战争时期，成千成万满怀恐惧的士兵，只有两种选择：接受那些不可避免的事实，或在压力下崩溃。让我们举个例子，说的是威廉·卡赛流斯的事。下面就是他在纽约成人教育班上所讲的一个得奖的故事：

我在加入海岸防卫队后不久，就被派到大西洋这边最可怕的一个单位。他们叫我管炸药。想想看，我——一个卖小饼干的店员，居然成了管炸药的人！光是想到站在几千几万吨 TNT 顶上，就把一个饼干店的店员的骨髓都要吓得呆住了。我只接受了两天的训练，而我所学到的东西让我内心更加充满了恐惧。我永远也忘不了我第一次执行任务的情形。那天又黑又冷，还弥漫着浓雾，我奉命到新泽西州的卡文角露码头。

我奉命负责船上的第五号舱，和五个码头工人一起工作。他们身强力壮，可是对炸药却是一无所知。他们正将重达两千到四千磅的毁区炸弹往船上装，每一个炸弹都包含一吨 TNT，足够把那条老船炸得粉碎。我们用两条铁索把毁区炸弹吊到船上，我不停地对自己说：万一有一条铁索滑溜了，或者是断了，噢，我的天呀！我可真是害怕至极。我浑身颤抖，嘴里发干，两条腿发软，心跳得几乎从胸中蹦出来。

可是我不能跑开，那样做就是逃亡，不但我会丢脸，我的父母也会跟着我丢脸，而且我可能因为逃亡而被枪毙。我不能跑，只能留下来。我一直看着那些码头工人毫不在乎地把毁区炸弹搬来搬去，心里总是想着船随时都会被炸掉。在我担惊受怕、战战兢兢了一个多钟点后，我终于开始运用我的普通常识。我跟自己好好地谈了谈，我说："你听着，就算你被炸死了，又怎么样？你反正也没有什么感觉了。这种死法倒痛快得很，总比死于癌症要好得多。不要做傻瓜，你不可能永远活着的，这件工作不能不做，否则就要被枪毙，所以你还不如做得开心点。"

我这样跟自己讲了几个钟点，然后开始觉得轻松了不少。最后，我克服我的忧和恐惧，让我自己接受了那不可避免的情况。

我永远也忘不了这段经历，现在每逢我要为一些不可能改变的事实而忧虑的时候，我就耸耸肩膀说："忘了吧。"

好极了，让我们欢呼，让我们为这位卖饼干的店员欢呼。

"对必然的事,姑且轻快地去承受。"这几句话是在耶稣基督出生前三百九十九年说的。但是在这个充满忧虑的世界,今天的人比以前更需要这几句话:"对必然的事,姑且轻快地去承受。"

要在忧虑毁了你以前,先改掉忧虑的习惯,规则第八条:"适应不可避免的情况。"

心灵悄悄话
XIN LING QIAO QIAO HUA

　　人生苦短,心无二用。当我们在欣赏帕瓦罗蒂那天籁般的美妙歌声时,也请记住他的宝贵生活经验:"选定一把椅子"。对人多一份真诚的感情,多一点信任的目光,就可浇灌出人生最美丽的花朵,社会就会和谐、温暖。

第六篇　读懂成长,坦然面对生活

活在巨大的希望中

一个人如果抱着消极的心态面对生活,必定会比拥有积极心态的人遭到更多的失败。因为他们情绪沮丧,步履缓慢,两眼无神,他们悲观、失望。他们往往具有这样的特征:愤世嫉俗,认为人性丑恶,与人不和;没有目标,缺乏动力,不思进取;缺乏恒心,经常为自己寻找借口和合理化的理由,逃避工作;心存侥幸,不愿付出;固执己见,不能宽容人;自卑懦弱,无所事事;自高自大,清高虚荣,不守信用,等等。**一个被消极心态困扰的人,纵然嘴中可能时常念叨成功,但就是不能成功,因为他们不愿付诸行动,也不知怎么行动,他们没有目标。**因为消极的心态深藏在他们的潜意识里,这直接影响了他们的成功。虽然他们想去克服,但又下不了决心去克服,于是他们的生命里就永远不由自主地呈现这种状态。

亚历山大大帝给希腊世界和东方的世界带来了文化的融合,开辟了一直影响到现在的丝绸之路的丰饶世界:据说他投入了全部青春的活力,出发远征波斯之际,曾将他所有的财产分给了臣下。

为了登上征伐波斯的漫长征途,他必须买进种种军需品和粮食等物,为此他需要巨额的资金:但他把从珍爱的财宝到他所有的土地,几乎全部都给臣下分配光了。

君臣之一的庇尔狄迦斯,深以为怪,便问亚历山大大帝:"陛下带什么启程呢?"

对此,**亚历山大回答说:"我只有一个财宝,那就是'希望'。"**据说,庇尔狄迦斯听了这个回答以后说:"那么请允许我们也来分享它吧。"于是他谢绝了分配给他的财产,而且臣下中的许多人也仿效了他的做法。

而抱有消极心态的人对自己也有一个消极的自我评价。他们往往会这样想,"我的感情总是这么脆弱";"我太胖了,一点儿魅力都没有";"我的身高在全球几乎是最矮的";"我的英语成绩在中学时代就不好";"在家里我是最小的,在班上我还是最小的";"我原来就有粗心大意的毛病";"我的责任心一直不强";"我就是不擅长体育运动";"我做事老是过于谨慎"。

这些评价可能只是一些小事,然而这些评价加起来往往会影响一个人的做事方式,最终导致选择人生道路的不同。这些消极的自我评价的一个共同特征就是总觉得自己在某一方面不如别人。我们知道,每个人总是以他人为镜来认识自己的,即人们总是把自己与他人进行比较并依据他人对自己的评价来认识自己并进行自我评价的。对于涉世未深的青年学生,来自他人的评价显得尤为重要。如果他人,特别是较有权威的人,如父母、老师或自己所敬佩的人对自己作了较低的评价,就会影响自己对自己的认识,使自己也低估自己。消极的自我评价会使人产生自卑感,心理学家的研究发现性格较内向的人,往往愿意接受别人的低评价,而对外界的高评价则易持怀疑态度。他们在将自己与他人进行比较后,也多半自觉不自觉地拿自己的短处与他人的长处相比,结果当然是越比越觉得自己不如别人,越比越泄气,越比自我评价越消极,自卑感便油然而生。心理学家尚未研究的问题是,有些性格并不内向的人,由于消极的自我评价也会逐渐变得内向起来。

保持"希望"的人生是有力的。失掉"希望"的人生,则通向失败之路;"希望"是人生的力量,在心里一直抱着美"梦"的人是幸福的。也可以说抱有"希望"活下去,是只有人才被赋予的特权、只有人,才由其自身产生出面向未来的希望之"光",才能创造自己的人生。

当然,消极心态的人并不是完全不能转变成一个具有积极心态的人,只要他认真参加成功心剧训练,就会摆脱忧愁、阴影、消极意识,轻装上阵,以乐观、自信的心理直面人生。在成长的过程中,特别重要的是要有积极的心态。在走向人生这个征途中,最重要的既不是财产,也不是地位。而在自己胸中像火焰一般燃烧起的一念,即"希望"。因为那种毫不计较得失、为了巨大希望而活下去的人,肯定会生出勇气,不以困难为事,肯定会激发出巨大的激情,开始闪烁出洞察现实的睿智之光,与时俱增、终生怀有希望的人,才是具有最高信念的人,才会成为人生的胜利者。

有位初三的中学生埋怨自己没有朋友,她很想交到一些好朋友,可是大家都不愿和她玩,即使那些新交的朋友,也不能保持长久。为什么呢?

原来，大家都不喜欢她的消极态度。每次出去郊游，刚一出门，她就开始埋怨："这鬼天气，要是再凉快一点就好了！""路上怎么这么多人?!烦死了！""哎呀，我的新衣服非被搞脏了不可！我的鞋可不能被踩脏了！"在考试前，她也不断地给自己泄气："完了，这次肯定又考不好。""要是遇到没有复习过的题目可就糟了！"试想，哪个同伴愿意听她喋喋不休地说那些消极的想法？久而久之，大家便都对她厌而远之了。而且，因为她每天看到、想到的都是消极的、不好的事情，所以，时间长了，她竟然不会笑了，整日愁眉苦脸，即使偶尔笑一下，也只是咧咧嘴，样子和哭差不多。

后来，老师给她提出建议，希望她在与朋友交往的时候多说一些积极的话，经常对朋友微笑，**自己一个人的时候，也要时常对着镜子笑**。这位中学生照着老师的话去做了。当再次与朋友出去玩时，她学会了微笑着对朋友说："今天天气真好！你的这件衣服真漂亮！"如果她的鞋子被弄脏了，她也不再像以前那样大惊小怪了，而是笑笑说："没关系，这样玩起来才尽兴。"考试来临，她鼓励自己："我一定要考出好成绩。"没考好的时候，她对自己说："等着吧，瞧我下一次的！"如今，她已经告别了孤独，拥有了许多要好的朋友，大家都愿意和她在一起。她的脸上总是带着微笑，自己也觉得每天的心情特别好。

心灵悄悄话
XIN LING QIAO QIAO HUA

　　人生不能无希望，所有的人都是生活在希望当中的。假如真的有人是生活在无望的人生当中，那么他只能是败者。人很容易遇到些失败或障碍，于是悲观失望，挫折下去，或在严酷的现实面前，失掉活下去的勇气；或恨怨他人；结果落得个唉声叹气、牢骚满腹。其实，身处逆境而不丢掉希望的人，肯定会找一条活路，在内心里也会体会到真正人生的欢迎。

认清人生之路靠自己

"天行健,君子以自强不息;地势坤,君子以厚德载物。"这是《周易》中的名句。自强是什么? 是努力向上,是奋发进取,是对美好未来的无限憧憬和不懈追求。自强者的精神所以可贵,是因为自强者依靠的是自己的拼搏奋斗,而非其他人的荫庇提携。

靠别人安身立命是毫无出息的,正所谓:"庭院里练不出千里马,花盆里长不出万年松"。清代书画家、文学家郑燮,52 岁时才得一子,万分疼爱,但从不溺爱,经常以各种方法培养其自立能力。他病危时,寄养在乡下老弟家中的儿子特地来看父亲。他要儿子亲手做几个馒头给他吃,但儿子从未做过,只好去请教厨师。当儿子将亲手做的馒头送到父亲床前时,父亲已咽了气。儿子悲痛得大哭,突然发现茶几上压着一张纸条,原来是父亲临终前写的一首遗诗,大概意思是这样的:淌自己的汗,吃自己的饭,自己的事业自己干;靠天、靠人、靠祖宗,不算是好汉!

在如今这个物质的社会里,自强的心态,好像已成为一个浪漫的理想化的状态。窗外车水马龙,人们行色匆匆,急于求成的人比较多,心态普遍比较浮躁,不少人生活得比较现实。据前不久广东省妇联的调查报告显示,不少女性认同一种观点,那就是"干得好不如嫁得好"。不管怎样这都源于一种心态,那就是急于求成,害怕吃苦,期望不劳而获,这种心态这种观点在现代社会中不仅仅在女性中存在,这种心态似乎被越来越多的年轻人认为是理所当然的。

安逸无忧的生活谁都向往,但是困难却是人生不可避免的内容,俗话说,有苦才有乐。经过自己的努力得来的一切,虽然其中可能饱经心酸,但是在奋斗的过程中,所获得的对人生的感悟,以及奋斗后面对自己的哪怕一点点的成绩,都会让我们获得极大的成就感。有人说人生其实活的就是一份感觉，这句话不无道理。这种成就感，这种自强奋斗的快乐，绝不是父母、爱人、朋友的无偿给予所能感悟到的，也不是靠轻而易举地交换自己的青春美貌就能获得的，没有经过创造就享受，靠别人的创造来装扮自己，讲究享受，其实是在自欺欺人，如果只是将洋房、汽车看作是生活的顶点，这样的人生只能用一个词来概括，那就是悲哀。靠自己的双手靠自己的能力活着，才活得踏实，虽然这其中会遇到各种各样的困难。正因为遇到种种困难，我们才会去克服，在克服困难的过程中取得进步；正因为面临种种问题，我们才会去解决，在解决问题的过程中走出新路。人唯有从这种由忧而喜、不断自强的日子里，才能真正品味到生命的意义和充满活力的人生。

自强的心态，是一种尊重自己，珍视自己的心态，同时也是一种对亲人，对爱人负责的心态，它需要我们有一股勇气，这种勇气是坚韧的，不仅仅是表现在烽火连天的战场上，而且也表现在平凡平静的生活中。这是一种内在的考验。比如，当遭遇冷落时仍能泰然处之，当穷困潦倒时仍能雄心不泯，当受到误解时仍能心平气和。自强的心态还要与坚定的意志和坚强的决心相联系，"有志者事竟成，破釜沉舟，百二秦关终属楚；苦心人天不负，卧薪尝胆，三千越甲可吞吴。"落第秀才蒲松龄以历史上自强者的事迹自勉，终于使自己成为一个名载史册的自强者。这个事例也道出了意志和决心对于成功的决定作用。

人最大的敌人是自己，战胜别人的人只是有力量，而战胜自己的人才算坚强。自强是一个永无止境的追求。旧的问题解决了，新的问题又出现了；一个困难克服了，另一个困难又来到了。人生的过程就是不断克服困难、解决问题的过程。生命不息，自强不止。面对富裕的生活，我们更不能放弃这种进取的精神。在现在灯红酒绿的社会上，抵制各种诱惑的确需要非一般的定力。成功不是一朝一夕的，更应心存更大的目标，不能投机取巧、急功近利，对纷繁的社会要学会平衡自己的心态，扎实进取。如果你的知识、人格魅力沉淀不够，你终将会被这个社会淘汰。

无数自强者的经验都告诉我们，一个人的成功主要不在其有多高的天赋。也不在其有多好的环境，而在其是否具有坚定的意志、坚强的决心和明确的目标。理想是自强的力量之源。人的活动如果没有理想的引导和鼓舞，就会变得空虚、软弱、混乱而渺小。只要脚踏实地，百折不挠，一步一个脚印地向着崇高的理想迈进,总会有所收获,有所成就。

自强者自忙而忙出成效,自贱者自闲而惹出祸端。自强者总不安于现状,不断地创新、突变,生活得忙碌而充实,终会有所成就。因此自强不仅是公民个人的心态要求,也是国家强盛的基石。

征服欲是人类的一个本性,从大禹治水的征服自然到屠杀种族的征服地域,人类总是试图在征服他周围的事物。当然,一定程度的征服表现为进取时,会让人振作起来,为理想目标而奋斗。因为,人类若连起码的一点点征服心都没有,那么这个世界的主宰可能就不是人类自己了。征服的心态成为前进的助推剂,毕竟,我们要生活在一个积极进取、追求光明、永不言输的环境当中。然而,过犹不及,过于强烈的征服心却又是我们前进路上的绊脚石,因为征服的心态从一定意义上说源于人类的霸权主义,这种霸权主义使人和人之间也充满征服和被征服的紧张情节,当一个人把自己当作人类的缩影时,他必然将自己设定为世界的绝对中心,并试图统治其他人类个体,把他们当作可以利用的社会资源,来满足自己的私欲。

泰戈尔曾经告诉过世人:“蛮横和嗜武是缺乏自信的表现。”

心灵悄悄话
XIN LING QIAO QIAO HUA

正直会给一个人带来很多好处:友谊、信任、钦佩和尊重。人类之所以充满希望,其原因之一就在于人们似乎对正直具有一种近乎本能的识别能力——而且不可抗拒地被它所吸引。怎样才能做一个正直的人呢?要锻炼自己在小事上做到完全诚实。当你不便于讲真话的时候,不要编造小小的谎言;不要去重复那些不真实的流言蜚语;不要用公费买自己需要的东西。这些戒律听起来可能是微不足道的,但是当你真正在寻求正直,并且开始发现它的时候,它本身所具有的力量就会令你折服,使你在所不辞。

第六篇 读懂成长,坦然面对生活

随时随地关心他人

在生活中,人与人之间的相处,都需要真诚的关心。如果我们每个人都只是关注自己,希望别人对我们产生兴趣,那永远不会有真正的朋友。

维也纳著名的心理学家阿尔弗洛德曾在《生活的意义》一书中说过:"凡是不愿关心别人的人,一定会在他的一生中遭受到巨大的困难与损失,更可悲的是,还会给别人带来不快和困苦,所有人类的种种失败、挫伤都是由此而引发的。"

的确如此,**一个不懂得关心他人,对别人不感兴趣的人,他的生活也一定了无生趣,没有朋友,没有快乐幸福的人生。**

我要告诉你,在我讲习班里,有个康乃铁克脱州的律师,他不愿意说出自己的名字,我们就用 R 先生来代替。

R 先生来我讲习班没有多久,有一天,他驾着汽车陪太太去长岛拜访亲戚,他太太留下他陪老姑妈闲谈,自己另外看别的亲戚去了。R 先生要把学习所得,作一次实地应用,以便将来写篇报告,于是他想从这位老姑妈身上开始,所以他朝屋子四周看了看,有哪些是值得他赞赏的。

他问老姑妈:"这栋房子是一八九零年建造的,是吗?"

"是的,"老姑妈回答:"正是那年造的。"

他又说:"这使我想起,我出生的那栋房子——非常美丽,建筑也好。现在的人都不讲究这些了。"

"是的,"老姑妈点点头:"现在的年轻人,已不讲究住好看的房子,他们只需要一所小公寓和一座电冰箱,再有就是一部汽车而已。"

老姑妈怀着回忆的心情,轻柔地说:"这是一栋理想的房子,这屋子是用'爱'所建造成的。我和我的丈夫在建造之前,已梦想了很多年。我们没有请建筑师，完全是我们自己设计的。"

老姑妈领着 R 先生去各房间参观。R 先生对她一生所珍爱收藏的各种珍品，像法国式床椅、一套古式的英国茶具、意大利的名画、和一幅曾经挂在法国封建时期宫堡里的丝帷，都真诚地加以赞美。

R 先生接着又说，老姑妈带他参观房间过后，又带他去车库，里面停着一辆很新的"派凯特"牌的汽车。

她轻轻说："这部车子，是我丈夫去世前不久买的，自从他去世后，我就再也没有坐过，你爱欣赏美丽的东西，我要把这部车子送给你！"

R 先生听到这话，感到很意外，婉转辞谢，说："姑妈，我感激您的好意，可是我不能接受。我自己已经有了一辆新的车子。你有很多更亲近的亲戚，相信他们会喜欢这部车子的。"

"亲戚！"老姑妈提高了声音说："是的，我有很多更亲近的亲戚，可他们希望我赶快离开这个世界，他们都想得到这部车子，可他们永远得不到。"

R 先生说："姑妈，您不愿意送给他们，可以把这部车子卖掉。"

"卖掉！"老姑妈叫了起来："你看我会卖掉这部车子？你想我会忍心看着陌生人驾着这部车子行驶在街上？这是我丈夫特地替我买的，我做梦也不会想卖，我愿意交给你，因为你懂得如何欣赏一件美丽的东西！"

R 先生婉言辞谢，不愿接受她的赠予，可是他不能刺伤了老姑妈的感情。

这位老太太单独一个人，住在这栋宽敞的房子里，对着屋子里这些精致、珍贵的陈设，缅怀以往的岁月，她希望有一个人，跟她有同样的感受。她有过一段金色的年华，那时她美丽动人，为男士们所追求。她建造了这栋孕育着"爱"的房子，并且从欧洲各地，搜集了很多珍品来加以陈设装饰。

现在，这位老姑妈，风烛残年，孤零零的一个人，她渴望着能获得一点人间的温暖，一点出于真心的赞美，可是，却没有一个人给她。于是当她发现她找到的时候，就像沙漠中涌出一泓泉水来，使她激动不已，甚至愿意把这部"派凯特"牌的汽车相赠。

你我都清楚，**当一些人用一生的时间去向别人展示暴露自己，希望得到别人的注意时，结果往往会适得其反，人们根本不会注意你。**更多的人只会关心他们自己。

第六篇　读懂成长，坦然面对生活

纽约的一家电话公司曾经做过一次电话调查，他们试图研究人们在电话中最常用的字眼是什么。也许你已经猜到了答案，那就是人称代词中的"我"。据他们统计，大概每 500 次通话中就会出现 399 个"我"字。可见人们对自己有多么偏爱。

还有，我们在拍完集体照，看到照片时，首先就是要找自己在哪里。

这一切，都证明人们总是希望自己被别人重视。但是如果我们总是强调自己，那我们永远不会有知心的朋友。

哲斯顿是一位马戏团的魔术大师，他总是到世界各地演出。在他四十年的演出生涯中，总是能够让他的观众大吃一惊，表演的魔术堪称一绝。大约有六万名观众看过他精彩的演出，他因此也换来了两万美元的丰厚的净收入。

有一次，我有幸采访了这位魔术大师，请他谈谈自己的成功秘诀。哲斯顿向我讲述了他的艰难的成长历程。小时候，他并没有受到学校的良好的教育，而是成了一名小流浪者。他爬过火车，睡过桥洞，当过行乞者，最让人感动的是，他是躲在货车后面向外看路标才认识字的。

其实，哲斯顿的成功不是说他在魔术方面有多么超人的天赋，而是他有着别人没有的两样本事。

首先，他有很强的个人魅力，十分懂人情。他每一个表演动作、姿态、声调都经过多次练习，所以上台表演时相当的熟练，动作敏捷，招人喜爱。其次，也可以说是他最主要的原因，就是他总是真诚的关心每一个人。哲斯顿对观众相当地在乎，他不像一些魔术师一样，上台时心里想着："这群傻瓜，土包子，我一定要好好地吓吓你们，让你们长长见识。"而哲尔顿则完全不同，他告诉我说，每当他上台时，都要鼓励自己说："我要从心底里感谢来看我表演的观众，因为他们的支持与信任，才使我有了今天辉煌的成就，我要尽最大的努力让这场表演成功，让我的观众满意。"

哲斯顿接着又说："有时，上台之前我会大声高喊，我爱我的观众。"听完他的话，我并没笑出来，我觉得这正是他成功的秘诀，他真诚地关心观众们的感受，在乎观众的心情，从而使自己的表演也提高到了更高的境界。

真诚地关心他人，对人对己都有不可或缺的帮助。

艾森豪威尔当上总统之后，他的夫人对家里的开支仍很节俭，从不乱花一分钱。但是她对她手下的工作人员却相当慷慨，很多工作人员都十分爱戴她。很多时候，她都会主动和工作人员打招呼，并亲切地和他们聊天，关心他们家庭生活情况等等。艾森豪威尔夫人对他人相当的细心，如果哪天某位工作人员生病了，她会派人送去一束鲜花。有时，就算他们的家属生病，她都会送花给他们表示关心。

在他们入住白宫的第一个圣诞节时，艾森豪威尔夫人用心挑选了许多圣诞礼物，准备发给所有的工作人员，当她把那些充满新意的礼物堆到圣诞树下的时候，松了口气，说："我终于实现了我的愿望，给每一个为我工作过的人送一份圣诞礼物。"到了节日临近之时，她将这些祝福分别送给了大家，工作人员万分感动，都纷纷送给她最真挚的祝福。

这位没有架子的总统夫人，对所有的工作人员都十分的关心。她让女管家记住每位员工的生日，每逢有人过生日，她都会吩咐厨师做一个大的生日蛋糕，并亲自挑选生日贺卡放在上面。

有哪一位职员会不喜欢这样的老板呢？又有谁会不喜欢这样友善而随和的人呢？

如果我们想要结交朋友、发展事业，就要先为别人做些事情——那就是需要花时间、精力，用心才能做到的事情。

如果你要别人对你有好感，那就请记住：真诚的随时随地的关心他人。

心灵悄悄话
XIN LING QIAO QIAO HUA

　　生命需要懂得欣赏，更要学会欣赏别人。只有这样，我们才能领悟到美丽世界的种种奇观；只有懂得欣赏，我们才能发现人生的诸多坎坷，其实也是美妙的乐章；只有懂得欣赏，我们才能在被玫瑰刺伤手后依然赞叹玫瑰的娇艳……用童心欣赏自然，用爱心欣赏他人，用信心欣赏自己，优美的风景就会悄然出现，幸福的生活就会到来……真诚的举动比巧妙的言辞更能打动人心。

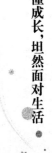

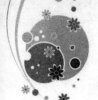

在平凡中成长

如果将一个人比喻为一台发动机的话，那么你的智商、天赋及知识只是这台发动机的额定功率。而你的输出功率有多大，却取决于你的热忱、你的投入度、你的行动力。

50 年前，父亲以一名普通战士的身份从朝鲜战场转业到地方，成为一名普通的海员；20 年前，父亲以一名普通老海员的身份从工作了 30 年的岗位上退休，成为一名平凡百姓。

母亲叫我得立凌云壮志，别学父亲，一生平凡。父亲立马反驳："可得一生平凡，绝非一生平庸"。父亲当兵是名好兵，干工作 30 年从未犯错，低头做事抬头做人，事业家庭波澜不惊但无愧于家，无愧于人。照父亲的话说，叫"总算尽了责任"。

好一句**"可得一生平凡，绝非一生平庸！"**

是的，我们可以做一个平凡的人，但决不能做一个平庸的人！

平凡和平庸的区别之处在于：平凡的人把工作做成伟大，平庸的人使工作变得卑下。

"神舟六号"飞船的胜利升空，实现了中国人千百年来的飞天梦想。费俊龙、聂海胜两位航天员的太空探索，更是将中国人的希冀永恒地刻在了奥妙的太空，他们是当之无愧的英雄，无数的鲜花与掌声送给了他们。

当人们把关注的目光投向两位英雄的时候，并没有忽略在英雄背后默默奉献的人，那些平凡的、在自己的工作岗位上默默耕耘的人。可以说，没有他们的工作就没有"神六"飞天的成功！在英雄的背后，直接参与载人航天工程研制工作的单位有 110 多个，配合参与这项工程的单位则多达 3000 多个，涉及数十万科研工作者。

"神六"在太空旅行的日子里，在全国的指挥中心、发射基地和各个测控站里,有近 10 万人彻夜不眠,为其护航。

"神六"发射那天,运载"神六"到发射基地的铁路沿线上至少有数百名警卫战士时刻守护。在发射前,这些战士将这条铁路的每一毫米都探测过。他们每人平均步行 7200 公里,相当于从海南的天涯海角走到黑龙江的漠河,再走到天安门!

他们没有因为自己的工作平凡而放弃,不因为没有出人头地的机会而抱怨。正是这些平凡的人托举起了"神六"的飞天,10 万个平凡加在一起就成了伟大!

"神六"上天后,一些精明的商家瞅准飞船上天的商机,打起了航天英雄费俊龙家老小的主意:送彩电、送保健直至送别墅。对此,费家老人表示,他们对有费俊龙这样一个儿子很自豪,也很知足,但绝不想因此"沾光",请商家不要借机炒作,他们只想过普通人的生活。10 月 15 日,飞船上天后的第三天,当地一家房地产公司找上门来,表示要送给费俊龙一栋坐落在阳澄湖的别墅,问身份证号码,直接办房产证。"有费俊龙的身份证吗?"

"没有!"

"记得他身份证号码吗?"

"我们都不清楚!"

"别墅是送给费俊龙的,你们不要担心。"

"不能收! 不能收!"费俊龙的双亲同声坚词:"我们收了,俊龙会不高兴的,他在家,也不会收。"在昆山巴城,拥有一栋在阳澄湖畔的别墅,是许多人的梦想。一套 300 多平米的别墅价值 100 多万元。而费家的老宅建于 1986年,一座农家二层小楼,家里空荡荡的,没什么像样的家具,居住条件在富裕的巴城算是差的。

但费家二老偏不领这个情。费俊龙父亲费长宝说,房子虽然旧了,但够住就行,很安逸,住惯了,不想搬。费俊龙上天之前就再三叮嘱家里,不要大张旗鼓,不要宣扬。**出了名还要守得住本分,不应得的东西我们不拿。**

费家人知道,保持平常是对费俊龙最好的宽慰。

在网络上曾流行一则新办公室守则,估计也是一位愤世嫉俗的上班族写的,全文如下:

苦干实干,做给天看;东混西混,一帆风顺。

成长——少年不识愁滋味

182

任劳任怨,永难如愿;会捧会现,杰出贡献。

负责尽职,必遭指难;推托栽赃,宏图大展。

全力以赴,升迁耽误;会钻会溜,考绩特优。

频频建功,打入冷宫;互踢皮球,前途加油。

奉公守法,做牛做马;逢迎拍马,升官发达。

这种写法可能让不少为平庸而找借口的人感到很爽,但是,任何事情都是做出来的。所有的成功,都是从基层做起的,如果抱着这种心态去工作,永远无法取得成功。

1872年,有一个医科大学毕业的应届生,他在为自己的将来烦恼:像自己这样学医学专业的人,一年有好几千,残酷的择业竞争,我该怎么办?

争取到一个好的医院就像千军万马过独木桥,难上加难。这个年轻人没有如愿地被当时著名的医院录用,他到了一家效益不怎么好的医院。可这没有阻止他成为一个著名的医生,还创立了世界驰名的约翰·霍普金斯医学院。

他就是威廉·奥斯拉。他在被牛津大学钦定为医学教授时说:"其实我很平凡,但我总是脚踏实地的在干。从一个小医生开始我就把医学当成了我毕生的事业。"

平凡的人把卑微的工作做成伟大,平庸的人把崇高的工作做成卑下,影响一个人的因素是什么?是这个人的学历还是这个人的工作经验?其实是人对工作的态度。

任何一家有抱负的公司,都会有一种竞争的机制,不会让那些碌碌无为的庸人长期厮混于此。人的能力有大小,只要你努力工作,每个公司都会为那些平凡而努力的人提供机会的。

你无论现在正从事着什么工作,都要将它视为你毕生的事业来对待。不要以为"事业"都是伟大的、让人津津乐道的壮举。正确地认识自己平凡的工作就是成就辉煌的开始,也是你成为出色雇员最起码的要求。

如果将一个人比喻为一台发动机的话,那么你的智商、天赋及知识只是这台发动机的额定功率,是你可以达到的功率,但能不能实际发挥出这个功率,你的输出功率有多大,却取决于你的热忱、你的投入度、你的行动力。只有焕发出你全部的**热忱,全身心地投入,**你才可能将你所具备的额定功率全部转化为有效的输出功率，甚至激发出你无比的潜能，使输出功率超越你的额定功率。

全情投入工作，视平凡的工作为毕生的事业，充分焕发热情，你就会感受人生充满热忱时的喜悦，由此你也会享受到人生中梦想成真的浪漫。

"乐在工作"是简单易懂的四个字，但能由衷领悟它，且能在工作上心生喜悦地"享受"它却不是一件容易的事，就如同大家都看得懂"圣经"或"佛经"两个字，但能悟出圣经或佛经的道理而且能从善如流的人就非常的难能可贵了。

工作对你而言意味着什么，是一份维持生活的薪水？还是一份成就自己的人生事业？

每个人在做一件事情的时候，都是在满足自己的欲望和需求。那么作为一名公司的员工，你是出于哪种需求与欲望，去完成自己的工作呢？

生活的保障

这类人的初衷非常简单，就是想有个铁饭碗。他们希望凭借自己的工作，过上比较安稳舒适的日子。相信抱着这样的心态每日忙碌在工作岗位上的人不少。虽然他们也能够勤勤恳恳，但最终的结果仍不免流于平庸。

自我价值的实现

这一类型的人对工作的态度是最为理想的，他们希望通过努力的工作给自己所属的整体部门做出更大的贡献，更希望在工作中通过不断的挑战自我，发挥出自己的创造性潜质，最终实现自身的价值。只有这种视工作为乐趣的人才能避免流于平庸，也只有这种人，才是能够实现自我价值的人。

人的一生中，可以没有很大的名望，也可以没有很多的财富，但绝不可

以没有工作的乐趣。

工作是人生中不可或缺的一部分。如果从工作中只得到厌倦、紧张与失望，人的一生将会多么痛苦；令自己厌倦的工作即使带来了"名"与"利"，这种光彩也是何等的虚浮！有三个建筑工人在共同砌一堵墙，这时，有人问他们："你们在干什么呀？"第一个头也没抬，没好气地说："你没看见吗？在垒墙。"第二个人抬起头来说："我们当然是要盖一间房子。"第三个人边干活边唱歌，脸上满是笑容："我在盖一间非常漂亮的房子，不久的将来，这里将变成一个美丽的花园，人们会在这里幸福的生活。"10年以后，第一个人仍是一名建筑工人；第二个人成了建筑队的带班队长；第三个人成了他们的总经理。这个故事告诉了我们一个道理：面对同一环境，不同的工作心态造就了他们不同的未来。

心灵悄悄话
XIN LING QIAO QIAO HUA

　　人的一生中总会失去许多，面对失去的事实，我们无法改变，就像我们不能停止时间的流逝。但我们可以学会释然，可以学着接受，想一想自己所拥有的，然后擦干眼泪，也说出那震撼人心的四个字——"我最幸福"。